# はじめ

JN090389

　このプリント集は、子どもたち自らアクティブに問題を解き続け、学習できるようになる姿をイメージして生まれました。

　どこから手をつけてよいかわからない。問題とにらめっこし、かたまってしまう。

　えんぴつを持ってみたものの、いつのまにか他のことに気がいってしまう…。

　そんな場面をなくしたい。

　子どもは１年間にたくさんのプリント出会います。できるかぎりよいプリントと出会ってほしいと思います。


　子どもにとって、よいプリントとは何でしょう？

　それは、サッとやりはじめ、ふと気がつけばできている。スイスイ、エスカレーターのようなしくみのあるプリントです。

　「いつのまにか、できるようになった！」「もっと続きがやりたい！」
と、子どもがワクワクして、自ら次のプリントを求めるのです。

　「もっとムズカシイ問題を解いてみたい！」
と、子どもが目をキラキラと輝かせる。そんな子どもたちの姿を思い描いて編集しました。


　プリント学習が続かないことには理由があります。また、プリント1枚ができないことには理由があります。

　数の感覚をつかむ必要性や、大人が想像する以上にスモールステップが必要であったり、同時に考えなければならない問題があったりします。

　教科書問題を解くために、数多くのスモールステップ問題をつくりました。

　少しずつ、「できることを増やしていく」プリント集。

　子どもが自信をつけていき、学ぶことが楽しくなるプリント集。

　ぜひ、このプリント集を使ってみてください。

　子どもたちがワクワク、キラキラして、プリントに取り組んでいる姿が、目の前でひろがりますように。


藤原　光雄

## ✐シリーズ全巻の特長✐

### ◎子どもたちの学びの基本である教科書を中心に学習

○教科書で学習した内容を　思い出す、確かめる。
○教科書で学習した内容を　試してみる、使えるようにする。
○教科書で学習した内容を　できるようにする、自分のものにする。
○教科書で学習した内容を　説明できるようにする。

プリントを使うときに、そって声をかけてあげてください。

- 「何がわかればいい？」
- 「どうしたらいいと思う？」
- 「図でかくとどんな感じ？」
- 「ここまでは大丈夫？」
- 「次は何をすればいいのかな？」
- 「どれくらいわかっている？」

### ◎算数科6年間の学びをスパイラル化！

算数科6年間の学習内容を、スパイラルを意識して配列しています。
予習や復習、発展的な課題提供として、ほかの学年の巻も使ってみてください。

## ✐このプリントの特長✐

### ○はじめの一歩をわかりやすく！

自学にも活用できるように、ヒントとなるように、うすい字でやり方や答えがかいてあります。なぞりながら答え方を身につけてください。

### ○ゆったり＆たっぷりの問題数！

問題を精選し、教科書の学びを身につけるための問題数をもりこみました。教科書のすみずみまで学べる問題や、標準的な学力の形成のために必要な習熟問題もたっぷり用意しています。

### ○数感覚から解き方が身につく！

問題を解くための数の感覚や、図形のとらえ方の感覚を大切にして問題を配列しています。

朝学習、スキマ学習、家庭学習など、さまざまな学習の場面で活用できます。
解答のページは「キリトリ線」を入れ、はずして答えあわせができます。

# もくじ　小学❷年生

◎ しょうらい 何に なりたいかを グラフに しました。

## しょうらい 何に なりたいか

| ○ | | | | |
|---|---|---|---|---|
| ○ | | | | |
| ○ | | | | |
| ○ | ○ | | | |
| ○ | ○ | ○ | | ○ |
| ○ | ○ | ○ | ○ | ○ |
| ○ | ○ | ○ | ○ | ○ |
| スポーツせん手 | おかしや | いしゃ | ユーチューバー | ほいくし |

① スポーツせん手を きぼうした 人は 何人ですか。

|  |
|---|
| 人 |

② きぼうした 人が 4人の しごとは 何ですか。

|  |
|---|
|  |

③ グラフの 人数を ひょうに あらわしましょう。

| しごと | スポーツせん手 | おかしや | いしゃ | ユーチューバー | ほいくし |
|---|---|---|---|---|---|
| 人数 | 7 | | | | |

❀ かってみたい ペットの 数(かず)を しらべました。
グラフに ○を かきましょう。

| | | | | |
|---|---|---|---|---|
| いぬ | ねこ | いぬ | うさぎ | いぬ |
| ハムスター | ねこ | いぬ | とり | ねこ |
| ねこ | いぬ | うさぎ | うさぎ | ハムスター |

かってみたい ペットの 数

| | | | | |
|---|---|---|---|---|
| | | | | |
| | | | | |
| | | | | |
| ○ | | | | |
| ○ | | | | |
| ○ | | | | |
| ○ | | | | |
| ○ | | | | |
| いぬ | ハムスター | うさぎ | ねこ | とり |

◎　かってみたい ペットの 数を しらべて、グラフに しました。

かってみたい ペット

| | | | | |
|---|---|---|---|---|
| ○ | | | | |
| ○ | ○ | | | |
| ○ | ○ | | ○ | |
| ○ | ○ | ○ | ○ | |
| ○ | ○ | ○ | ○ | ○ |
| いぬ | ねこ | ハムスター | うさぎ | とり |

① 人数を ひょうに あらわしましょう。

| ペット | いぬ | ねこ | ハムスター | うさぎ | とり |
|---|---|---|---|---|---|
| 人数 | | | | | |

② いちばん 人数が 多かった ペットは 何ですか。
また、その人数は 何人ですか。

|  |
|---|

| | 人 |
|---|---|

③ しらべた 人数は 何人ですか。

| | 人 |
|---|---|

6

❀ 学校で かってみたい どうぶつと 人数を しらべて、グラフと ひょうに しました。

学校でかってみたい どうぶつと人数

| | | ○ | | |
|---|---|---|---|---|
| | | ○ | | |
| | | ○ | | |
| | | ○ | ○ | |
| | | ○ | ○ | |
| | ○ | ○ | ○ | |
| ○ | ○ | ○ | ○ | ○ |
| ○ | ○ | ○ | ○ | ○ |
| やぎ | ひつじ | うさぎ | にわとり | あひる |

学校でかってみたい どうぶつと人数

| どうぶつ | やぎ | ひつじ | うさぎ | にわとり | あひる |
|---|---|---|---|---|---|
| 人数 | 2 | 3 | 8 | 5 | 2 |

① いちばん 人数が 多かった どうぶつは 何ですか。 

② 2番目に 人数が 多かった どうぶつは 何ですか。 

③ うさぎと にわとりでは、どちらが 何人 多いですか。

が 　　人多い

④ しらべた 人数は 何人ですか。 人

7

① 25+13 の ひっ算を 考えます。

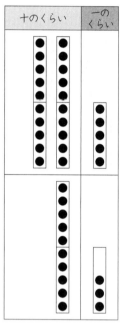

　　　　　　　 を そろえて かく。

|   | 2 | 5 |
|---|---|---|
| + | 1 | 3 |
|   |   |   |

　　　　　　　 から 計算する。

| | 2 | 5 |
|---|---|---|
| + | 1 | 3 |
| | 3 | 8 |

一のくらい

□ + □ = □

十のくらい

□ + □ = □

② つぎの 計算を しましょう。

① 53+16

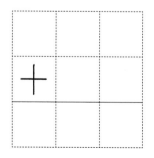

② 30+23

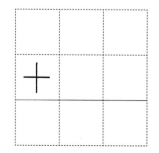

③ 50+40

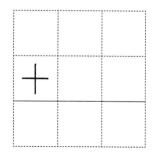

8

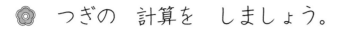

**2** たし算のひっ算 ②   名前

◎ つぎの 計算を しましょう。

① 
```
   5 3
 + 1 6
```

② 
```
   3 6
 + 4 2
```

③ 
```
   5 5
 + 2 3
```

④ 
```
   4 7
 + 5 0
```

⑤ 
```
   3 0
 + 6 5
```

⑥ 
```
   6 0
 + 3 0
```

⑦ 
```
   4 3
 +   5
```

⑧ 
```
     7
 + 5 2
```

⑨ 
```
     3
 + 6 0
```

一のくらいを しっかり そろえましょう

9

**1** 38＋16 の ひっ算を 考えます。

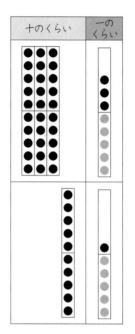

| 十のくらい | 一のくらい |
|---|---|

□ を そろえて かく。

```
  3 8
+ 1 6
------
```

□ から 計算する。

```
  3 8    一のくらい
+ 1 6
------   □ + □ = □
  5⁴4    十のくらいへ
         1くり上げる。
```

□ + □ + □ = □

**2** つぎの 計算を しましょう。

① 38＋22

② 28＋7

③ 9＋43

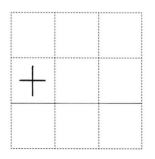

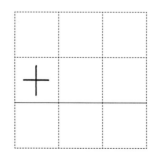

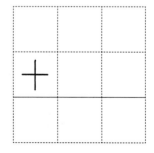

10

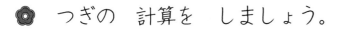

# 2 たし算のひっ算 ④

名前

つぎの 計算を しましょう。

① 
```
   2 8
 + 6 3
```

② 
```
   3 6
 + 5 8
```

③ 
```
   2 7
 + 4 5
```

④ 
```
   4 4
 + 2 6
```

⑤ 
```
   4 7
 + 2 3
```

⑥ 
```
     5
 + 6 5
```

⑦ 
```
   4 3
 +   9
```

⑧ 
```
   3 8
 + 5 2
```

⑨ 
```
   6 4
 + 2 8
```

くり上がりは いつも 「1」

11

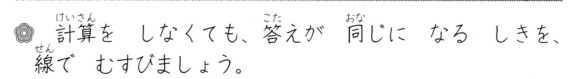

# 2 たし算のひっ算 ⑤  名前

◎ 計算を しなくても、答えが 同じに なる しきを、
線で むすびましょう。

① 
| 1 ＋ 9 ● | | ● 11 ＋ 3 |

| 2 ＋ 10 ● | | ● 9 ＋ 1 |

| 3 ＋ 11 ● | | ● 10 ＋ 2 |

② 
| 12 ＋ 34 ● | | ● 11 ＋ 33 |

| 25 ＋ 10 ● | | ● 34 ＋ 12 |

| 33 ＋ 11 ● | | ● 12 ＋ 48 |

| 48 ＋ 12 ● | | ● 10 ＋ 25 |

1　A小学校の　2年生は、2クラス　あります。
　　1組が　28人、2組が　29人です。
　　2年生は、みんなで　何人ですか。

　　しき

　　　　　　＋　　　＝

　　　　　　　　　　　　　　　　答え　　　　　　　　人

2　ボブさんは　56円の　えんぴつと　37円の　けしゴムを
買いました。
　　だい金は、ぜんぶで　いくらに　なりますか。　
　　しき

　　　　　　＋　　　＝

　　　　　　　　　　　　　　　　答え

3　図書かんへ　行くとき、バスに　のった　時間は　18分
で　歩いた　時間は、9分でした。
　　図書かんに　行くまでに　かかった　時間は、何分ですか。

　　しき　　　　　　　　　　　　　　　　　

　　　　　　＋　　　＝

　　　　　　　　　　　　　　　　答え

13

# 3 ひき算のひっ算 ①

名前

1 29−15 の ひっ算を 考えましょう。

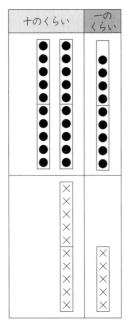

```
     2 9
  −  1 5
```

│ │ を そろえて かく。

│ │ から 計算する。

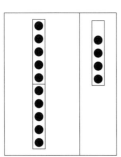

```
     2 9
  −  1 5
     1 4
```

一のくらい

□ − □ = □

十のくらい

□ − □ = □

2 つぎの 計算を しましょう。

① 58−26

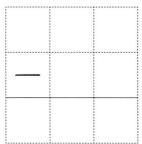

② 47−20

③ 46−26

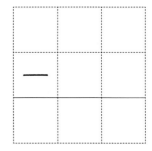

◎ つぎの 計算を しましょう。

① 
```
   3 6
 - 1 2
```

② 
```
   7 5
 - 3 3
```

③ 
```
   7 7
 - 4 5
```

④ 
```
   6 3
 - 4 0
```

⑤ 
```
   7 4
 - 3 4
```

⑥ 
```
   6 0
 - 2 0
```

⑦ 
```
   6 8
 - 6 5
```

⑧ 
```
   7 4
 -   3
```

⑨ 
```
   3 6
 -   6
```

くらいを しっかり そろえましょう

15

1  35－17 の ひっ算を 考えましょう。

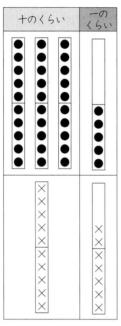

| | を そろえて かく。 |

```
   3 5
ー  1 7
```

| | から 計算する。 |

```
    ²
   3̸ 5    5から7は ひけない
ー  1 7   十のくらいから
   1 8   1くり下げる
```

□ ー □ ＝ □

十のくらい  □ ー □ ＝ □

2  つぎの 計算を しましょう。

①  40－28

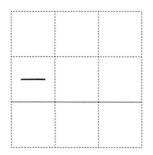

②  54－36

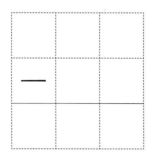

③  44－9

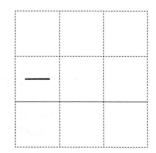

16

**3** ひき算のひっ算 ④ 名前

つぎの 計算を しましょう。

① 
```
   6 2
 - 4 5
```

② 
```
   8 2
 - 3 6
```

③ 
```
   9 6
 - 5 8
```

④ 
```
   5 0
 - 2 4
```

⑤ 
```
   3 4
 - 1 6
```

⑥ 
```
   8 0
 - 7 9
```

⑦ 
```
   6 6
 -   9
```

⑧ 
```
   3 6
 -   8
```

⑨ 
```
   9 0
 -   6
```

くり下げたことを おぼえておきましょう

◎　ひき算と　答えが　たしかめられる　しきを　線で　むすびましょう。

| ひかれる数 | | 答え ＋ ひく数 |
|---|---|---|

① 
| 5 － 1 ● | | ● 4 ＋ 1 |

| 10 － 3 ● | | ● 1 ＋ 2 |

| 3 － 2 ● | | ● 7 ＋ 3 |

② 
| 30 － 10 ● | | ● 1 ＋ 19 |

| 55 － 5 ● | | ● 20 ＋ 10 |

| 20 － 19 ● | | ● 8 ＋ 66 |

| 74 － 66 ● | | ● 50 ＋ 5 |

18

1　ルーシーさんは、96ページの　本を　読んでいます。
今日までに　37ページ　読みました。
のこりは　何ページですか。

しき

　　　　ー　　　＝

答え　　　　　ページ

2　うさちゃんたちは、ドングリを　ひろいに　行きました。
うさちゃんは　18こ　かえるくんは　92こ　ひろいました。
どちらが　何こ、多く　ひろいましたか。

しき

　　　　ー　　　＝

答え　　　　　　が　　　多く　ひろった

3　トムさんは　いま、55円　もっています。
28円の　ラムネを　買います。
のこりは　いくらですか。

しき

　　　　ー　　　＝

答え

1 線の長さを 何こ分で あらわしましょう。

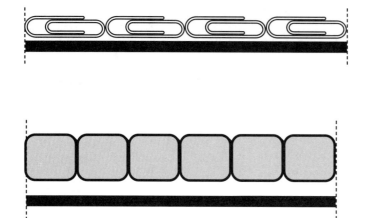

クリップ

$4$ こ分

ブロック

こ分

2 線の 長さを あらわしましょう。

クリップ □ こ分と 少しです。クリップや

ブロックでは ちょうどで あらわせません。

このような ときには ものさしを つかいます。

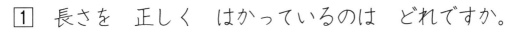

**4 長さのたんい ②** 名前

1 長さを 正しく はかっているのは どれですか。

( 　　　 ) 　　　 ( 　　　 ) 　　　 ( 　　　 )

2 それぞれ 何センチメートルですか。

☐ cm 　　　 ☐ cm 　　　 ☐ cm

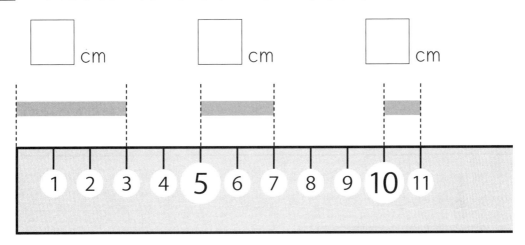

3 どれが いちばん 長いですか。○を つけましょう。

( 　　　 )

( 　　　 )

( 　　　 )

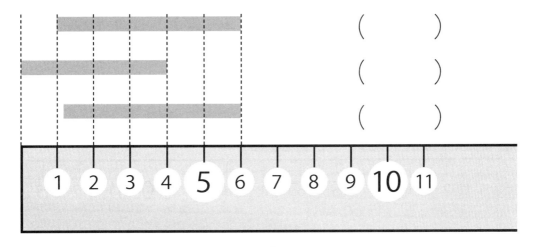

◎ それぞれの 長さを はかりましょう。

① 

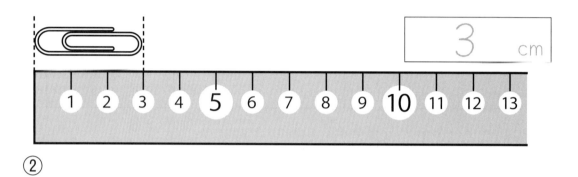

3 cm

② 

③ 

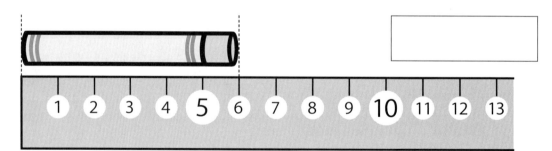

④ 

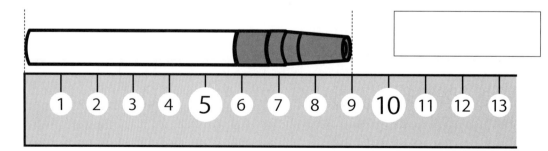

　ものさしの　1mm（ミリメートル）は　1cmを　同じ
大きさの　10こに　分けた　ものの　1つです。

1　左はしからの　長さを　はかりましょう。

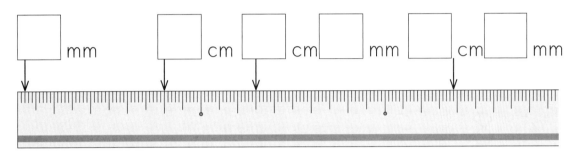

□ mm　　□ cm　　□ cm　　□ mm　　□ cm　　□ mm

2　つぎの　長さは　何cm何mmですか。

① □

② □

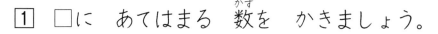

1 □に あてはまる 数を かきましょう。

① 1 cm = [    ] mm

② 10 cm = [    ] mm

③ 2 cm 5 mm = [    ] mm

④ 8 cm 9 mm = [    ] mm

⑤ 13 cm 5 mm = [    ] mm

⑥ 10 cm 8 mm = [    ] mm

2 □に あてはまる 数を かきましょう。

① [    ] cm = 50 mm

② [    ] cm [    ] mm = 35 mm

③ [    ] cm [    ] mm = 64 mm

④ [    ] cm [    ] mm = 117 mm

⑤ [    ] cm [    ] mm = 103 mm

1 cm ＝ 10 mm
10 cm ＝ 100 mm

# 4 長さのたんい ⑥

名前

1 つぎの 長さの 直線を ひきましょう。

① 3cm

├

② 50mm

├

③ 8cm5mm

├

④ 38mm

├

⑤ 59mm

├

2 線の 長さを はかって、同じ 長さの 線を ひきましょう。

① ————————————

・

☐ mm

② ————————————————

・

☐ cm ☐ mm

25

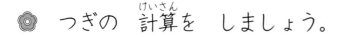

4 長さのたんい ⑦ 名前

◎ つぎの 計算を しましょう。

① 1 cm + 5 cm = ☐ cm

② 11 cm + 5 cm 5 mm = ☐ cm ☐ mm

③ 7 cm + 3 cm 8 mm = ☐ cm ☐ mm

④ 2 mm + 7 cm 3 mm = ☐ cm ☐ mm

⑤ 7 mm + 3 cm 2 mm = ☐ cm ☐ mm

⑥ 6 cm − 5 cm = ☐ cm

⑦ 6 cm 5 mm − 5 cm = ☐ cm ☐ mm

⑧ 8 cm 8 mm − 7 cm = ☐ cm ☐ mm

⑨ 6 cm 5 mm − 2 mm = ☐ cm ☐ mm

⑩ 8 cm 8 mm − 3 mm = ☐ cm ☐ mm

1 （　）に あてはまる 長さの たんいを かきましょう。

（　cm　mm）

① ノートの あつさ4 □　② えんぴつの 長さ12 □

③ 教科書の あつさ8 □　④ 消しゴムの 長さ3 □

⑤ つくえの 高さ70 □　⑥ はさみの 長さ15 □

2 長い 方に ○を つけましょう。

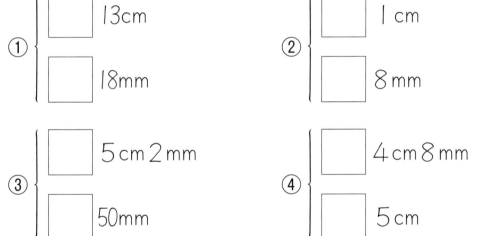

① □ 13cm
　 □ 18mm

② □ 1cm
　 □ 8mm

③ □ 5cm2mm
　 □ 50mm

④ □ 4cm8mm
　 □ 5cm

3 大小の 記ごう （>，<）を かきましょう。

① 12cm □ 18mm　② 1cm □ 9mm

③ 5cm □ 4cm8mm

つぎの　数<sub>かず</sub>を　数字<sub>すうじ</sub>で　あらわしましょう。

① 

② 

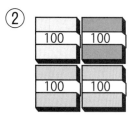　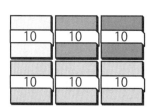　

③ 

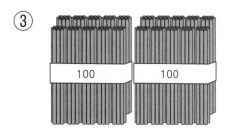

④ 

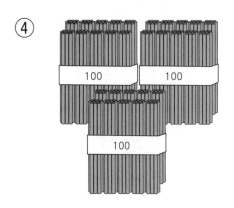　

28

# 5 3けたの数 ②

名前

つぎの 数を 数字で あらわしましょう。

①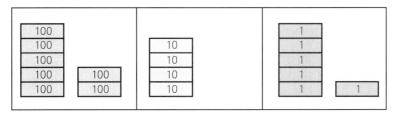

| 百のくらい | 十のくらい | 一のくらい | |
|---|---|---|---|
|  |  |  |  |

②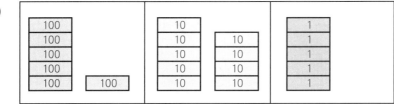

| 百のくらい | 十のくらい | 一のくらい | |
|---|---|---|---|
|  |  |  |  |

③

| 百のくらい | 十のくらい | 一のくらい | |
|---|---|---|---|
|  |  |  |  |

1 □に あてはまる 数を かきましょう。

① 100を 3こ、10を 2こ、1を 5こ、あわせた数。

② 100を 7こ、10を 8こ、1を 6こ、あわせた数。

③ 100を 5こ、10を 4こ、あわせた数。

2 □に あてはまる 数を かきましょう。

① 632は 100を □こ、10を □こ、1を □こ、あわせた数。

② 987は 100を □こ、10を □こ、1を □こ、あわせた数。

③ 820は 100を □こ、10を □こ、あわせた数。

④ 609は 100を □こ、1を □こ、あわせた数。

1 □に あてはまる 数を かきましょう。

① 百のくらいが 3、十のくらいが 9、一のくらいが

6の 数は、 [    ] です。

② 百のくらいが 6、十のくらいが 0、一のくらいが

5の 数は、 [    ] です。

③ 百のくらいが 4、十のくらいが 8、一のくらいが

0の 数は、 [    ] です。

2 □に あてはまる 数を かきましょう。

① 187は 百のくらいが [  ]、十のくらいが [  ]、

一のくらいが [  ]の 数です。

② 906は 百のくらいが [  ]、十のくらいが [  ]、

一のくらいが [  ]の 数です。

③ 460は 百のくらいが [  ]、十のくらいが [  ]、

一のくらいが [  ]の 数です。

1 □に あてはまる 数を かきましょう。

① 10を 14こ あつめた 数は [　　　] です。

② 10を 45こ あつめた 数は [　　　] です。

③ 10を 20こ あつめた 数は [　　　] です。

④ 10を 95こ あつめた 数は [　　　] です。

⑤ 10を 60こ あつめた 数は [　　　] です。

2 □に あてはまる 数を かきましょう。

① 120は 10を [　] こ あつめた 数です。

② 300は 10を [　] こ あつめた 数です。

③ 200は 10を [　] こ あつめた 数です。

④ 150は 10を [　] こ あつめた 数です。

⑤ 960は 10を [　] こ あつめた 数です。

⑥ 800は 10を [　] こ あつめた 数です。

**1** □に あてはまる 数を かきましょう。

①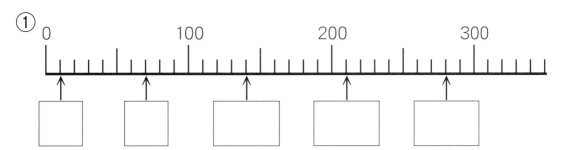

②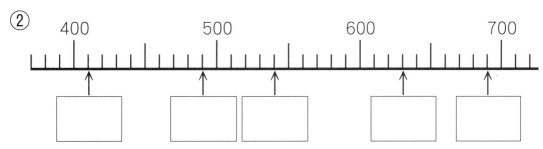

**2** □に あてはまる 数を かきましょう。

①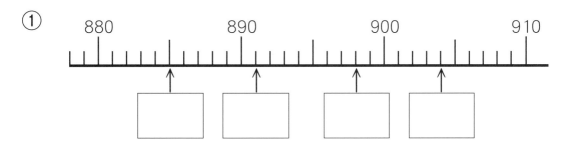

②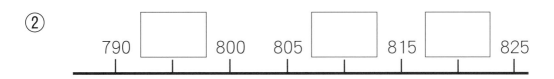

③
| 410 | | 420 | 425 | | 435 | | 445 |

**5　3けたの数　⑦**　名前

1　つぎの　計算を　しましょう。

①　300 ＋ 100 ＝ 　　　　

②　400 ＋ 300 ＝ 　　　　

③　100 ＋ 700 ＝ 　　　　

④　400 ＋ 600 ＝ 　　　　

⑤　200 ＋ 800 ＝ 　　　　

2　つぎの　計算を　しましょう。

①　300 － 100 ＝ 　　　　

②　600 － 100 ＝ 　　　　

③　700 － 300 ＝ 　　　　

④　1000 － 100 ＝ 　　　　

⑤　1000 － 500 ＝ 　　　　

⑥　1000 － 600 ＝ 　　　　

# 5 3けたの数 ⑧

名前

1 □に あてはまる 記ごう <、>を かきましょう。

① 500 □ 300

② 150 □ 110

③ 151 □ 159

④ 410 □ 395

⑤ 410 □ 451

2 □に あてはまる 記ごう <、>、＝を かきましょう。

① 150 □ 50 ＋ 70

② 500 □ 200 ＋ 300

③ 300 □ 600 － 200

④ 20 ＋ 80 □ 110

⑤ 870 － 70 □ 800

⑥ 150 － 70 □ 95

水などの かさは、1デシリットルが いくつ分
あるかで あらわします。

デシリットルは、かさの たんいで
dLと かきます。

❀ 何dLですか。

①

$$\boxed{6\,dL}$$

②

③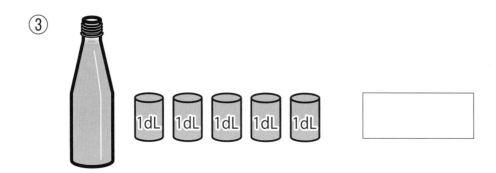

36

大きな かさを あらわすときは、**リットル**と
いう たんいを つかいます。
リットルは **L**と かきます。
1L＝10dL です。

1 何L ですか。

① 1dL 1dL 1dL 1dL 1dL 1dL 1dL 1dL 1dL 1dL

1L

② 1dL 1dL 1dL 1dL 1dL 1dL 1dL 1dL 1dL 1dL
1dL 1dL 1dL 1dL 1dL 1dL 1dL 1dL 1dL 1dL

2 何L ですか。

① 1L 1L

② 1L 1L 1L 1L

37

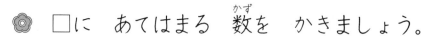

❀　□に　あてはまる　数を　かきましょう。

①

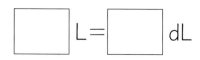
□ L = □ dL

②

□ L = □ dL

③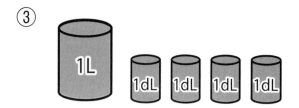

□ L □ dL
= □ dL

④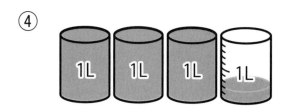

□ L □ dL
= □ dL

⑤

□ L □ dL
= □ dL

1dLより 小さい かさを あらわす たんいに **ミリリットル**が あります。ミリリットルは mLと かきます。

1L＝1000mL、 1dL＝100mL

❀ 何mLですか。

①

②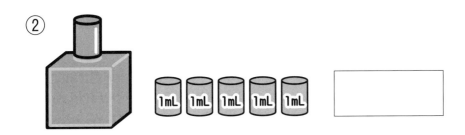

③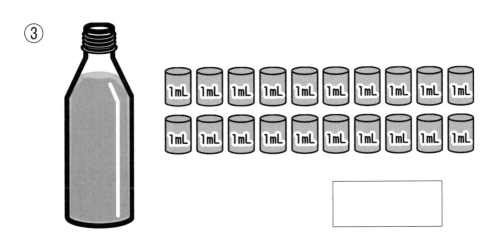

39

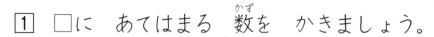
1 □に あてはまる 数を かきましょう。

①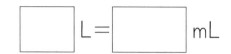

□ L ＝ □ mL

② ⬛⬛ 1L 1L

□ L ＝ □ mL

③ ⬛⬛⬛⬛⬛ 1L 1L 1L 1L 1L

□ L ＝ □ mL

2 □に あてはまる 数を かきましょう。

① 1dL

□ dL ＝ □ mL

② 1dL 1dL 1dL

□ dL ＝ □ mL

③ 1dL 1dL 1dL 1dL 1dL 1dL 1dL 1dL

□ dL ＝ □ mL

④ 1dL 1dL 1dL 1dL 1dL 1dL 1dL 1dL 1dL 1dL

□ dL ＝ □ mL

1 □に あてはまる 数を かきましょう。

①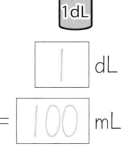

1 dL

= 100 mL

②

| | dL = | | L

= | | mL

2 □に あてはまる 数を かきましょう。

①

1 L 5 mL

= 1005 mL

②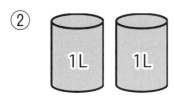

| | L | | mL

= | | mL

③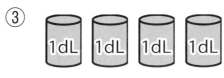

| | dL | | mL

= | | mL

41

1　□に あてはまる 数を かきましょう。

① 1L2dL＋5L＝□L□dL

② 2L3dL＋6L＝□L□dL

③ 5L4dL＋5dL＝□L□dL

④ 7dL8mL＋9mL＝□dL□mL

⑤ 2dL8mL＋9dL6mL＝□dL□mL

2　□に あてはまる 数を かきましょう。

① 9L2dL－5L＝□L□dL

② 7L3dL－3L＝□L□dL

③ 1L9dL－5dL＝□L□dL

④ 4L3dL－2dL＝□L□dL

⑤ 6L4dL－2L2dL＝□L□dL

⑥ 7L5dL－5L2dL＝□L□dL

1 （ ）に あてはまる かさの たんいを かきましょう。
(mL dL L)

① ペットボトル 500 ☐　② 目ぐすり 9 ☐

③ 水とうの 水 5 ☐　④ 紙コップ 1 ☐

⑤ 牛にゅうびん 200 ☐　⑥ バケツの 水 8 ☐

2 大きい 方に ○を つけましょう。

① ☐ 13dL ／ ☐ 18mL

② ☐ 1L ／ ☐ 8dL

③ ☐ 5L2dL ／ ☐ 500mL

④ ☐ 4L8dL ／ ☐ 5dL

3 大小の 記ごう (=, >, <) を かきましょう。

① 12dL ☐ 18mL　② 1dL ☐ 8mL

③ 5L ☐ 4L8dL　④ 50dL ☐ 5L

43

◎ 図を 見て、かかった時間を かきましょう。

①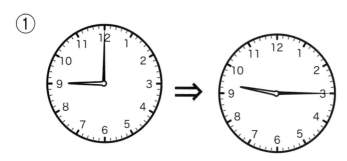

15 分

②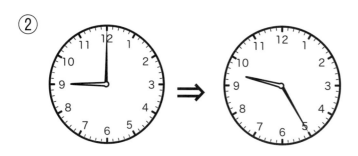

分

③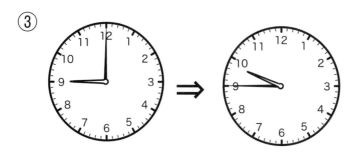

分

④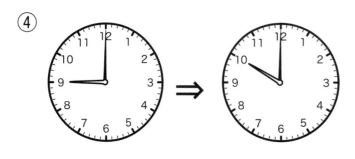

分

44

**7** 時こくと時間 ②

💠 図を もとに、つぎの 時こくを 答えましょう。

(ア)

① 1時間前　 10時

② 1時間後

③ 30分前

④ 20分後

(イ)

① 1時間前

② 1時間後

③ 30分前

④ 20分後

(ウ)

① 1時間前

② 1時間後

③ 30分前

④ 20分後

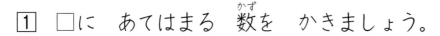

**1** □に あてはまる 数を かきましょう。

① 1時間　　＝ 60 分

② 1時間10分＝ □ 分

③ 1時間30分＝ □ 分

④ 2時間30分＝ □ 分

⑤ 3時間　　＝ □ 分

**2** □に あてはまる 数を かきましょう。

① 120分＝ □ 時間

② 90分 ＝ □ 時間 □ 分

③ 100分＝ □ 時間 □ 分

④ 180分＝ □ 時間

⑤ 200分＝ □ 時間 □ 分

⑥ 300分＝ □ 時間

1 何時間 たっていますか。

①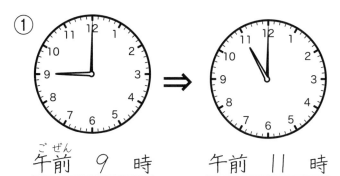

午前 9 時　　午前 11 時

2 時間

②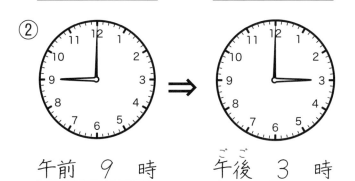

午前 9 時　　午後 3 時

時間

③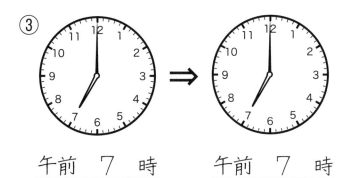

午前 7 時　　午前 7 時

時間

1日たってる？

2 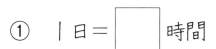 □に あてはまる 数を かきましょう。

① 1日＝ □ 時間

② 午前＝ □ 時間、午後＝ □ 時間

47

1　ボブさんは　午前9時に　家を　出て、9時15分に　えきに　つきました。

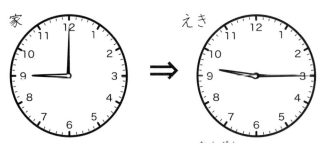

① 家から　えきまで　何分　かかりましたか。

② 午前8時に　えきにつくためには、家を　何時何分に　出ればよいですか。

2　ボブの　お兄さんは　午前9時から　午後5時まで　会社に　います。

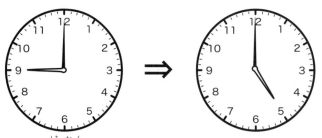

① 何時間、会社に　いますか。

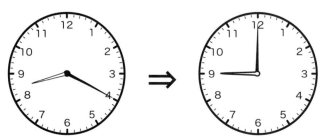

② 8時20分に　家を　出て、9時に　会社に　つきます。　何分　かかりますか。

1 メイさんは ゆう園地に 行きました。□に 時間を
かきましょう。

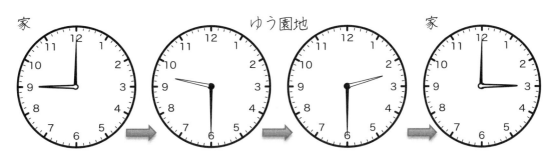

家　　　　　　　　　　　　ゆう園地　　　　　　　　　　家

① 家から ゆう園地まで 何分 かかりましたか。　　[ 30 分 ]

② ゆう園地に 何時間 いましたか。　　[ ]

③ 家を 出てから 家に 帰るまで
何時間 かかりましたか。　　[ ]

2 トムさんは どうぶつ園に 行きました。□に 時間を
かきましょう。

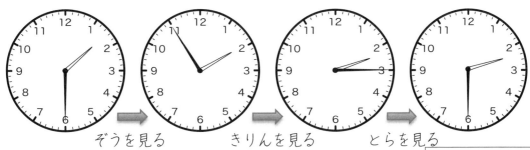

ぞうを見る　　　きりんを見る　　　とらを見る

① どうぶつ園で ぞうを 見た 時間　　[ 25 分 ]

② きりんを 見た 時間　　[ ]

③ とらを 見た 時間　　[ ]

❀ たすじゅんじょを 考えて 計算しましょう。

① 7 + 12 + 8
= ＋（　＋　）
= ＋
= ☐

② 18 + 20 + 30
= ＋（　＋　）
= ＋
= ☐

③ 15 + 18 + 2
= ＋（　＋　）
= ＋
= ☐

④ 19 + 8 + 32
= ＋（　＋　）
= ＋
= ☐

⑤ 7 + 20 + 13
=（　＋　）＋
= 　＋
= ☐

⑥ 18 + 50 + 12
=（　＋　）＋
= 　＋
= ☐

⑦ 14 + 18 + 6
=（　＋　）＋
= 　＋
= ☐

⑧ 16 + 48 + 14
=（　＋　）＋
= 　＋
= ☐

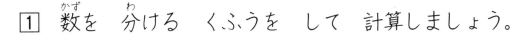

1　数を　分ける　くふうを　して　計算しましょう。

①　26＋6＝26＋4＋2

　　　　　　＝30＋2

　　　　　　＝

②　44＋7＝44＋　　＋

　　　　　　＝

　　　　　　＝

③　8＋22＝8＋2＋20

　　　　　　＝10＋20

　　　　　　＝

④　6＋34＝6＋　　＋

　　　　　　＝

　　　　　　＝

2　数を　分ける　くふうを　して　計算しましょう。

①　51－4＝51－1－3

　　　　　　＝50－3

　　　　　　＝

②　75－8＝75－　　－

　　　　　　＝

　　　　　　＝

③　32－5＝32－　　－

　　　　　　＝

　　　　　　＝

④　42－4＝　　－　　－

　　　　　　＝

　　　　　　＝

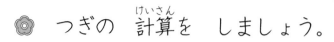

# ⑨ たし算のひっ算 ⑦

名前

🌸 つぎの 計算を しましょう。

① 
```
    9 3
+   1 6
```

② 
```
    3 6
+   7 2
```

③ 
```
    5 4
+   5 3
```

④ 
```
    4 7
+   7 0
```

⑤ 
```
    5 0
+   6 5
```

⑥ 
```
    6 0
+   5 0
```

⑦ 
```
    4 3
+   7 5
```

⑧ 
```
    9 7
+   5 2
```

⑨ 
```
    8 8
+   6 0
```

🌸 つぎの 計算を しましょう。

①
```
   7 6
+  5 4
-------
```

②
```
   8 7
+  6 3
-------
```

③
```
   9 4
+  4 6
-------
```

④
```
   4 7
+  7 3
-------
```

⑤
```
   6 5
+  6 5
-------
```

⑥
```
   6 9
+  5 1
-------
```

⑦
```
   6 6
+  7 5
-------
```

⑧
```
   9 5
+  5 8
-------
```

⑨
```
   8 8
+  7 5
-------
```

53

**9　たし算のひっ算 ⑨**　名前

🌸 つぎの 計算を しましょう。

①

```
   8 7
+  1 6
───────
```

②

```
   6 8
+  3 5
───────
```

③

```
   5 6
+  4 6
───────
```

④

```
   2 8
+  7 3
───────
```

⑤

```
   3 6
+  6 8
───────
```

⑥

```
   6 9
+  3 6
───────
```

⑦

```
   4 9
+  5 8
───────
```

⑧

```
   9 6
+    4
───────
```

⑨

```
   9 1
+    9
───────
```

54

1　つぎの　計算を　しましょう。

① 87+33

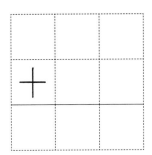

② 59+45

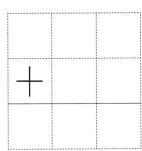

③ 6+94

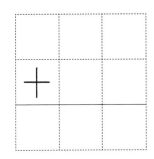

2　色紙が、85まい　ありました。あとから　46まい　買い
ました。
　　色紙は　あわせて　何まいに　なりましたか。

しき

答え　　　　　　　　まい

3　りんごが、48こ　ありました。あとから　97こ　とどき
ました。
　　りんごは　あわせて　何こに　なりましたか。

しき

答え

4　イチゴケーキは　38こ　あり、チョコレートケーキは
65こ　あります。ケーキは　ぜんぶで　何こ　ありますか。

しき

答え

# 10 ひき算のひっ算 ⑦ 名前

つぎの 計算を しましょう。

①
```
  1 2 9
-   5 3
```

②
```
  1 5 5
-   7 3
```

③
```
  1 2 9
-   5 4
```

④
```
  1 5 6
-   7 4
```

⑤
```
  1 3 9
-   5 5
```

⑥
```
  1 4 8
-   7 5
```

56

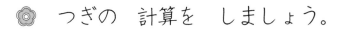

**10 ひき算のひっ算 ⑧** 名前

◎ つぎの 計算を しましょう。

① 
```
   1 4 6
 -   7 8
```

② 
```
   1 2 5
 -   3 9
```

③ 
```
   1 1 3
 -   6 8
```

④ 
```
   1 4 2
 -   5 7
```

⑤ 
```
   1 7 2
 -   9 8
```

⑥ 
```
   1 2 0
 -   3 6
```

57

◎ つぎの 計算を しましょう。

① 
```
  1 0 0
-     6
```

② 
```
  1 0 3
-     9
```

③ 
```
  1 0 5
-     8
```

④ 
```
  1 0 4
-     7
```

⑤ 
```
  1 0 0
-   5 5
```

⑥ 
```
  1 0 2
-   7 5
```

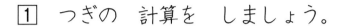

# 10 ひき算のひっ算 ⑩ 名前

1 つぎの 計算を しましょう。

① 153−66

② 130−36

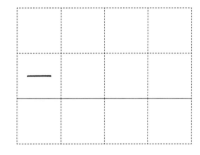

③ 104−9

④ 158−69

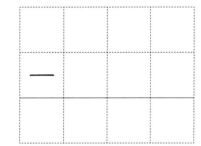

2 色紙が、125まい ありました。工作で 46まい つかいました。色紙は 何まい のこっていますか。

しき

答え _____

3 156ページの 本が あります。3日で 97ページ 読みました。のこりは 何ページですか。

しき

答え _____

1 三角形と 四角形の なかまに 分けましょう。

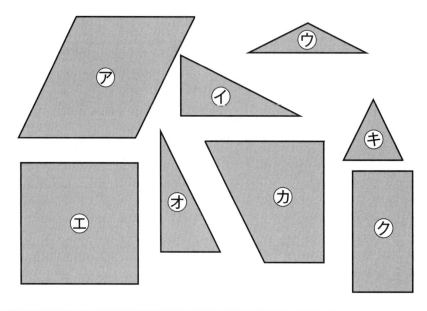

| 三角形のなかま | |
| --- | --- |
| 四角形のなかま | |

2 □に あてはまる ことばを かきましょう。

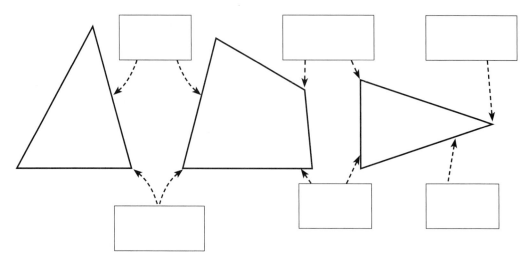

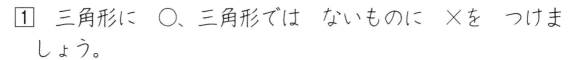

1　三角形に　○、三角形では　ないものに　×を　つけま
しょう。

① □
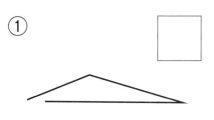

② □
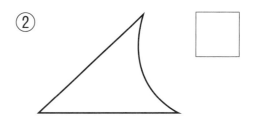

③ □
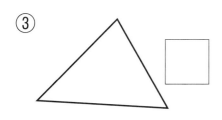

④ □

×の　りゆうも
いえるかな？

2　四角形に　○、四角形では　ないものに　×を　つけま
しょう。

① □

② □
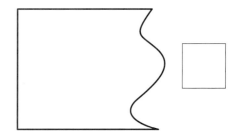

③ □
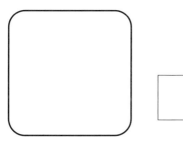

④ □
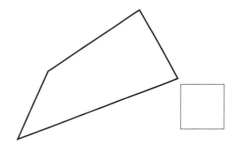

61

1 へんを 2つ かきたして 三角形を かきましょう。

2 へんを 3つ かきたして 四角形を かきましょう。

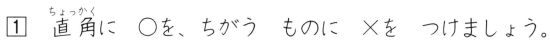

# 11 長方形と正方形 ④

**1** 直角に ○を、ちがう ものに ×を つけましょう。

①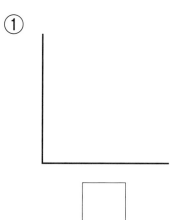

②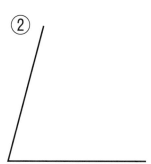

③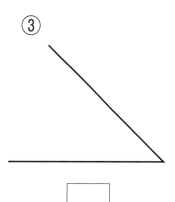

**2** 直角に ○を、ちがう ものに ×を つけましょう。

①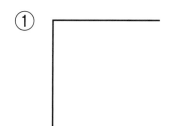

②

③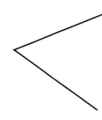

④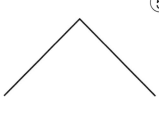

⑤

⑥

63

1 長方形に ○を、ちがう ものに ×を つけましょう。

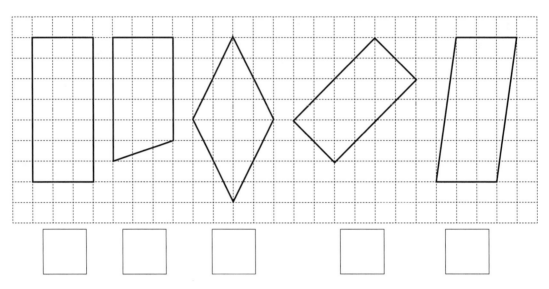

2 長方形の へんの 長さと、まわりの 長さは 何cm ですか。

①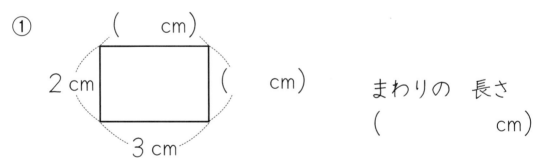

( 　　cm)

2 cm

( 　　cm)

3 cm

まわりの 長さ
( 　　　　cm)

②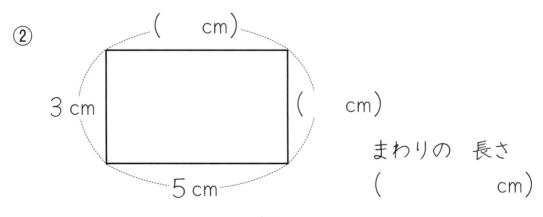

( 　　cm)

3 cm

( 　　cm)

5 cm

まわりの 長さ
( 　　　　cm)

64

1 正方形に ○を、ちがう ものに ×を つけましょう。

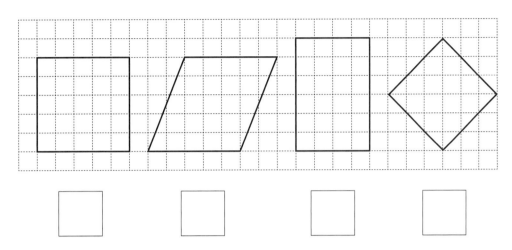

2 正方形の へんの 長さは、それぞれ 何cmですか。

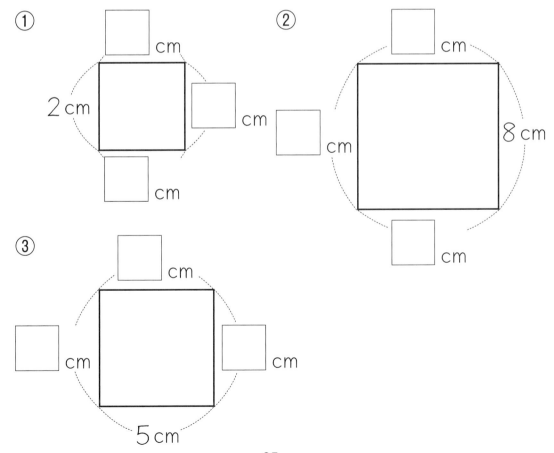

① 2 cm

② 8 cm

③ 5 cm

1　直角三角形に　○を、ちがう　ものに　×を　つけましょう。

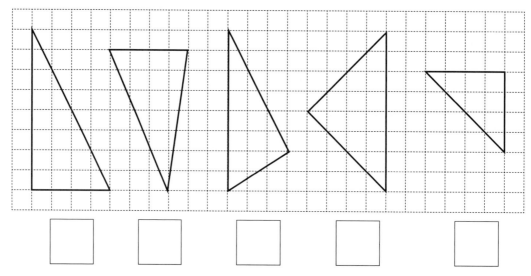

2　三角じょうぎの　直角に　○を、ちがう　ものに　×を　つけましょう。

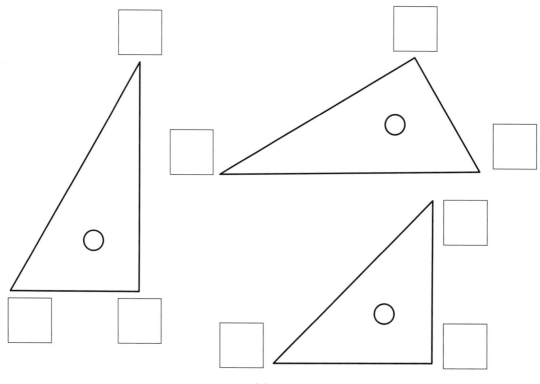

66

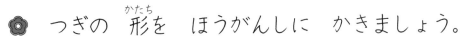

◎ つぎの 形を ほうがんしに かきましょう。

① たて３cm、よこ４cmの 長方形

② １つの へんの 長さが ３cmの 正方形

③ ３cmと ５cmの へんの あいだが 直角の 三角形

# かけ算九九 ①

名前

1 ぜんぶの 数を かけ算の しきで あらわしましょう。

1はこに □ こずつ、 □ はこ分で □ こ

□ × □ = □

2 かけ算の しきで あらわしましょう。

①

□ × □ = □

②

□ × □ = □

③

□ × □ = □

68

◎　かけ算の　しきに　かいて、答えを　たし算で　もとめ
ましょう。

①

しき　□ × □ = □

②

しき　□ × □ = □

③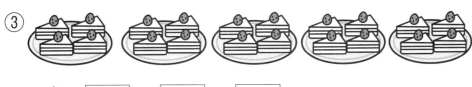

しき　□ × □ = □

④

しき　□ × □ = □

○の□ばい → ○×□

◎ 5こずつの おはじきの 数を しらべましょう。

①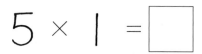

5 × 1 = ☐

②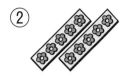

5 × 2 = ☐

③

5 × 3 = ☐

④

5 × 4 = ☐

⑤

5 × 5 = ☐

⑥

5 × 6 = ☐

⑦

5 × 7 = ☐

⑧

5 × 8 = ☐

⑨

5 × 9 = ☐

# 12 かけ算九九 ④

名前

1 5のだんの 九九を 答<sup>こた</sup>えましょう。

五<sup>ご</sup> 一<sup>いちが</sup> □   五<sup>ご</sup> 二<sup>に</sup> □   五<sup>ご</sup> 三<sup>さん</sup> □

五<sup>ご</sup> 四<sup>し</sup> □   五<sup>ご</sup> 五<sup>ご</sup> □   五<sup>ご</sup> 六<sup>ろく</sup> □

五<sup>ご</sup> 七<sup>しち</sup> □   五<sup>ご</sup> 八<sup>は</sup> □   五<sup>ごっ</sup> 九<sup>く</sup> □

2 5のだんの 九九を 答えましょう。

① 5 × 1 = □   ② 5 × 2 = □

③ 5 × 3 = □   ④ 5 × 4 = □

⑤ 5 × 5 = □   ⑥ 5 × 6 = □

⑦ 5 × 7 = □   ⑧ 5 × 8 = □

⑨ 5 × 9 = □

3 1日に 5ページずつ 本を 読<sup>よ</sup>みます。6日間<sup>むいかかん</sup>では、何<sup>なん</sup>ページ 読めますか。

しき

答え ＿＿＿＿＿＿＿＿

# 12 かけ算九九 ⑤

名前

 2こずつの ケーキの 数を しらべましょう。

① $2 \times 1 =$ ☐

② $2 \times 2 =$ ☐

③ $2 \times 3 =$ ☐

④ $2 \times 4 =$ ☐

⑤ $2 \times 5 =$ ☐

⑥ $2 \times 6 =$ ☐

⑦ $2 \times 7 =$ ☐

⑧ $2 \times 8 =$ ☐

⑨ $2 \times 9 =$ ☐

# 12 かけ算九九 ⑥

名前

1 2のだんの 九九を 答えましょう。

<sup>に</sup>二 <sup>いち</sup>一 <sup>が</sup>が ☐　　　<sup>に</sup>二 <sup>にん</sup>二 <sup>が</sup>が ☐　　　<sup>に</sup>二 <sup>さん</sup>三 <sup>が</sup>が ☐

<sup>に</sup>二 <sup>し</sup>四 <sup>が</sup>が ☐　　　<sup>に</sup>二 <sup>ご</sup>五 ☐　　　<sup>に</sup>二 <sup>ろく</sup>六 ☐

<sup>に</sup>二 <sup>しち</sup>七 ☐　　　<sup>に</sup>二 <sup>はち</sup>八 ☐　　　<sup>に</sup>二 <sup>く</sup>九 ☐

2 2のだんの 九九を答えましょう。

① 2 × 1 = ☐　　　② 2 × 2 = ☐

③ 2 × 3 = ☐　　　④ 2 × 4 = ☐

⑤ 2 × 5 = ☐　　　⑥ 2 × 6 = ☐

⑦ 2 × 7 = ☐　　　⑧ 2 × 8 = ☐

⑨ 2 × 9 = ☐

3 1人に りんごを 2こずつ くばります。
5人分では、何こ いりますか。

しき

答え＿＿＿＿＿＿＿＿

◎ 3こずつの みかんの 数<sub>かず</sub>を しらべましょう。

①  $3 \times 1 =$ ☐

② $3 \times 2 =$ ☐

③ $3 \times 3 =$ ☐

④ $3 \times 4 =$ ☐

⑤ $3 \times 5 =$ ☐

⑥ $3 \times 6 =$ ☐

⑦ $3 \times 7 =$ ☐

⑧ $3 \times 8 =$ ☐

⑨ $3 \times 9 =$ ☐

# 12 かけ算九九 ⑧  名前

1  3のだんの 九九を 答えましょう。

さんいちが 三一 □    さんにが 三二 □    さざんが 三三 □

さんし 三四 □    さんご 三五 □    さぶろく 三六 □

さんしち 三七 □    さんぱ 三八 □    さんく 三九 □

2  3のだんの 九九を 答えましょう。

① 3 × 1 = □    ② 3 × 2 = □

③ 3 × 3 = □    ④ 3 × 4 = □

⑤ 3 × 5 = □    ⑥ 3 × 6 = □

⑦ 3 × 7 = □    ⑧ 3 × 8 = □

⑨ 3 × 9 = □

3  1はこに 3こずつ 入った おかしを 買います。
   6はこ分では、何こに なりますか。

しき

答え _____

75

❀ 4こずつの だんごの 数を しらべましょう。

① 　　　　　　　　　4 × 1 = ☐

②　　　　　　　　　　　　　4 × 2 = ☐

③　　　　　　　　　　　　　4 × 3 = ☐

④　　　　　　　　　　　　　4 × 4 = ☐

⑤　　　　　　　　　　　　　4 × 5 = ☐

⑥　　　　　　　　　　　　　4 × 6 = ☐

⑦　　　　　　　　　　　　　4 × 7 = ☐

⑧　　　　　　　　　　　　　4 × 8 = ☐

⑨　　　　　　　　　　　　　4 × 9 = ☐

# 12 かけ算九九 ⑩

名前

1 4のだんの 九九を 答えましょう。

四一が □　　四二が □　　四三 □

四四 □　　四五 □　　四六 □

四七 □　　四八 □　　四九 □

2 4のだんの 九九を 答えましょう。

① 4 × 1 = □　　② 4 × 2 = □

③ 4 × 3 = □　　④ 4 × 4 = □

⑤ 4 × 5 = □　　⑥ 4 × 6 = □

⑦ 4 × 7 = □　　⑧ 4 × 8 = □

⑨ 4 × 9 = □

3 1台に 4人 のれる車が あります。5台では、みんなで 何人 のれますか。

しき

答え _____

◎ いろいろな だんの れんしゅうを しましょう。

① 

| 5 のだん | 1 | 2 | 3 | 4 | 5 | 6 | 7 | 8 | 9 |
|---|---|---|---|---|---|---|---|---|---|
| 5 × | | | | | | | | | |

② 

| 5 のだん | 5 | 7 | 2 | 9 | 1 | 6 | 3 | 8 | 4 |
|---|---|---|---|---|---|---|---|---|---|
| 5 × | | | | | | | | | |

③ 

| 2 のだん | 1 | 2 | 3 | 4 | 5 | 6 | 7 | 8 | 9 |
|---|---|---|---|---|---|---|---|---|---|
| 2 × | | | | | | | | | |

④ 

| 2 のだん | 9 | 1 | 6 | 3 | 8 | 4 | 5 | 7 | 2 |
|---|---|---|---|---|---|---|---|---|---|
| 2 × | | | | | | | | | |

⑤ 

| 3 のだん | 1 | 2 | 3 | 4 | 5 | 6 | 7 | 8 | 9 |
|---|---|---|---|---|---|---|---|---|---|
| 3 × | | | | | | | | | |

⑥ 

| 3 のだん | 6 | 3 | 8 | 4 | 5 | 7 | 2 | 9 | 1 |
|---|---|---|---|---|---|---|---|---|---|
| 3 × | | | | | | | | | |

🌸 いろいろな　だんの　れんしゅうを　しましょう。

① 

| 4 のだん | 1 | 2 | 3 | 4 | 5 | 6 | 7 | 8 | 9 |
|---|---|---|---|---|---|---|---|---|---|
| 4　× | | | | | | | | | |

② 

| 4 のだん | 7 | 5 | 1 | 9 | 2 | 6 | 4 | 8 | 3 |
|---|---|---|---|---|---|---|---|---|---|
| 4　× | | | | | | | | | |

③ 

| 5 のだん | 6 | 3 | 8 | 4 | 5 | 7 | 2 | 1 | 9 |
|---|---|---|---|---|---|---|---|---|---|
| 5　× | | | | | | | | | |

④ 

| 3 のだん | 2 | 1 | 6 | 3 | 8 | 4 | 5 | 9 | 7 |
|---|---|---|---|---|---|---|---|---|---|
| 3　× | | | | | | | | | |

⑤ 

| 2 のだん | 8 | 4 | 5 | 7 | 2 | 9 | 1 | 6 | 3 |
|---|---|---|---|---|---|---|---|---|---|
| 2　× | | | | | | | | | |

⑥ 

| 4 のだん | 6 | 3 | 8 | 4 | 5 | 7 | 2 | 9 | 1 |
|---|---|---|---|---|---|---|---|---|---|
| 4　× | | | | | | | | | |

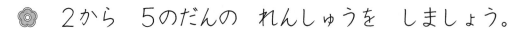
✿ 2から 5のだんの れんしゅうを しましょう。

① 5 × 2 = ☐    ② 5 × 5 = ☐

③ 4 × 2 = ☐    ④ 4 × 5 = ☐

⑤ 3 × 2 = ☐    ⑥ 3 × 5 = ☐

⑦ 2 × 2 = ☐    ⑧ 2 × 5 = ☐

⑨ 5 × 4 = ☐    ⑩ 5 × 6 = ☐

⑪ 4 × 4 = ☐    ⑫ 4 × 6 = ☐

⑬ 3 × 4 = ☐    ⑭ 3 × 6 = ☐

⑮ 2 × 4 = ☐    ⑯ 2 × 6 = ☐

⑰ 5 × 3 = ☐    ⑱ 5 × 7 = ☐

⑲ 4 × 3 = ☐    ⑳ 4 × 7 = ☐

㉑ 3 × 3 = ☐    ㉒ 3 × 7 = ☐

㉓ 2 × 3 = ☐    ㉔ 2 × 7 = ☐

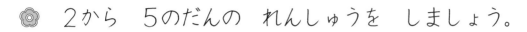

❀ 2から 5のだんの れんしゅうを しましょう。

① $5 \times 8 =$ ☐    ② $5 \times 5 =$ ☐

③ $4 \times 8 =$ ☐    ④ $4 \times 5 =$ ☐

⑤ $3 \times 8 =$ ☐    ⑥ $3 \times 5 =$ ☐

⑦ $2 \times 8 =$ ☐    ⑧ $2 \times 5 =$ ☐

⑨ $5 \times 9 =$ ☐    ⑩ $5 \times 6 =$ ☐

⑪ $4 \times 9 =$ ☐    ⑫ $4 \times 7 =$ ☐

⑬ $3 \times 9 =$ ☐    ⑭ $3 \times 6 =$ ☐

⑮ $2 \times 9 =$ ☐    ⑯ $2 \times 7 =$ ☐

⑰ $5 \times 1 =$ ☐    ⑱ $5 \times 3 =$ ☐

⑲ $4 \times 1 =$ ☐    ⑳ $4 \times 4 =$ ☐

㉑ $3 \times 1 =$ ☐    ㉒ $3 \times 3 =$ ☐

㉓ $2 \times 1 =$ ☐    ㉔ $2 \times 2 =$ ☐

6本ずつの えんぴつの 数を しらべましょう。

① $6 \times 1 = \square$

② $6 \times 2 = \square$

③ $6 \times 3 = \square$

④ $6 \times 4 = \square$

⑤ $6 \times 5 = \square$

⑥ $6 \times 6 = \square$

⑦ $6 \times 7 = \square$

⑧ $6 \times 8 = \square$

⑨ $6 \times 9 = \square$

**12 かけ算九九 ⑯**  名前

1 6のだんの 九九を 答えましょう。

六一（ろく いち が）□　　六二（ろく に）□　　六三（ろく さん）□

六四（ろく し）□　　六五（ろく ご）□　　六六（ろく ろく）□

六七（ろく しち）□　　六八（ろく は）□　　六九（ろっ く）□

2 6のだんの 九九を 答えましょう。

① 6 × 1 = □　　　② 6 × 2 = □

③ 6 × 3 = □　　　④ 6 × 4 = □

⑤ 6 × 5 = □　　　⑥ 6 × 6 = □

⑦ 6 × 7 = □　　　⑧ 6 × 8 = □

⑨ 6 × 9 = □

3 1台に 6人 のれる 車が あります。5台では、みんなで 何人 のれますか。

しき

答え＿＿＿＿＿＿

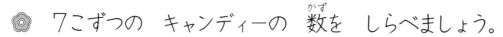

🌸　7こずつの　キャンディーの　数を　しらべましょう。

① 　　　　　　$7 \times 1 =$ ☐

② 　　　　　　$7 \times 2 =$ ☐

③ 　　　　　　$7 \times 3 =$ ☐

④ 　　　　　　$7 \times 4 =$ ☐

⑤ 　　　　　　$7 \times 5 =$ ☐

⑥ 　　　　　　$7 \times 6 =$ ☐

⑦ 　　　　　　$7 \times 7 =$ ☐

⑧ 　　　　　　$7 \times 8 =$ ☐

⑨ 　　　　　　$7 \times 9 =$ ☐

**かけ算九九** ⑱

1 7のだんの 九九を 答えましょう。

七一<sub></sub> □   七二 □   七三 □

七四 □   七五 □   七六 □

七七 □   七八 □   七九 □

2 7のだんの 九九を 答えましょう。

① 7 × 1 = □    ② 7 × 2 = □

③ 7 × 3 = □    ④ 7 × 4 = □

⑤ 7 × 5 = □    ⑥ 7 × 6 = □

⑦ 7 × 7 = □    ⑧ 7 × 8 = □

⑨ 7 × 9 = □

3 おり紙を 7まいずつ、5人に くばります。
　 おり紙は、ぜんぶで 何まい いりますか。

しき

　　　　　　　　　　　　　　　　　　答え ＿＿＿＿＿＿＿

**12　かけ算九九　⑲**

名前

🌸　8こずつの　たこやきの　数を　しらべましょう。

①  $8 \times 1 =$ ☐

②  $8 \times 2 =$ ☐

③  $8 \times 3 =$ ☐

④  $8 \times 4 =$ ☐

⑤  $8 \times 5 =$ ☐

⑥  $8 \times 6 =$ ☐

⑦  $8 \times 7 =$ ☐

⑧  $8 \times 8 =$ ☐

⑨  $8 \times 9 =$ ☐

1 8のだんの 九九を 答えましょう。

はち いち が
八 一 が [　]

はち に
八 二 [　]

はち さん
八 三 [　]

はち し
八 四 [　]

はち ご
八 五 [　]

はち ろく
八 六 [　]

はち しち
八 七 [　]

はっ ぱ
八 八 [　]

はっ く
八 九 [　]

2 8のだんの 九九を 答えましょう。

① 8 × 1 = [　]　　② 8 × 2 = [　]

③ 8 × 3 = [　]　　④ 8 × 4 = [　]

⑤ 8 × 5 = [　]　　⑥ 8 × 6 = [　]

⑦ 8 × 7 = [　]　　⑧ 8 × 8 = [　]

⑨ 8 × 9 = [　]

3 長いすが 8つ あります。1つの 長いすに、8人ずつ すわります。みんなで 何人 すわれますか。

しき

答え ＿＿＿＿＿＿＿＿

# 12 かけ算九九 ㉑

名前

❀ 9こずつの チョコレートの 数を しらべましょう。

① 　　　$9 \times 1 =$ ☐

② 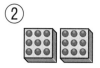　　　$9 \times 2 =$ ☐

③ 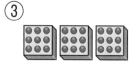　　　$9 \times 3 =$ ☐

④ 　　　$9 \times 4 =$ ☐

⑤ 　　　$9 \times 5 =$ ☐

⑥ 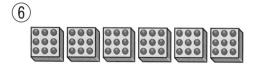　　　$9 \times 6 =$ ☐

⑦ 　　　$9 \times 7 =$ ☐

⑧ 　　　$9 \times 8 =$ ☐

⑨ 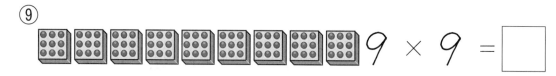　$9 \times 9 =$ ☐

# 12 かけ算九九 ㉒ 名前

1 9のだんの 九九を 答えましょう。

九<sub>く</sub>一<sub>いち</sub>が[ ]　九<sub>く</sub>二<sub>に</sub>[ ]　九<sub>く</sub>三<sub>さん</sub>[ ]

九<sub>く</sub>四<sub>し</sub>[ ]　九<sub>く</sub>五<sub>ご</sub>[ ]　九<sub>く</sub>六<sub>ろく</sub>[ ]

九<sub>く</sub>七<sub>しち</sub>[ ]　九<sub>く</sub>八<sub>は</sub>[ ]　九<sub>く</sub>九<sub>く</sub>

2 9のだんの 九九を 答えましょう。

① $9 \times 1 =$ [ ]　② $9 \times 2 =$ [ ]

③ $9 \times 3 =$ [ ]　④ $9 \times 4 =$ [ ]

⑤ $9 \times 5 =$ [ ]　⑥ $9 \times 6 =$ [ ]

⑦ $9 \times 7 =$ [ ]　⑧ $9 \times 8 =$ [ ]

⑨ $9 \times 9 =$ [ ]

3 9mのロープを 5本 つなぎます。つないだ ロープ
の 長<sub>なが</sub>さは、何<sub>なん</sub>mですか。

しき

答え＿＿＿＿＿＿＿＿＿＿

❀ 1こずつの メロンの 数を しらべましょう。

① 　　　　1 × 1 = ☐

② 　　　　1 × 2 = ☐

③ 　　　　1 × 3 = ☐

④ 　　　　1 × 4 = ☐

⑤ 　　　　1 × 5 = ☐

⑥ 　　　　1 × 6 = ☐

⑦ 　　　　1 × 7 = ☐

⑧ 　　　　1 × 8 = ☐

⑨ 　1 × 9 = ☐

1 1のだんの 九九を 答えましょう。

いん いち が □   いん に が □   いん さん が □
一 一        一 二        一 三

いん し が □   いん ご が □   いん ろく が □
一 四        一 五        一 六

いん しち が □   いん はち が □   いん く が □
一 七        一 八        一 九

2 1のだんの 九九を 答えましょう。

① 1 × 1 = □        ② 1 × 2 = □

③ 1 × 3 = □        ④ 1 × 4 = □

⑤ 1 × 5 = □        ⑥ 1 × 6 = □

⑦ 1 × 7 = □        ⑧ 1 × 8 = □

⑨ 1 × 9 = □

3 子どもが 6人 います。1人に 色紙を、1まいずつ
くばります。
　 色紙は 何まい いりますか。

しき

答え _____

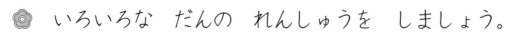

❀ いろいろな だんの れんしゅうを しましょう。

① 

| 6 のだん | 1 | 2 | 3 | 4 | 5 | 6 | 7 | 8 | 9 |
|---|---|---|---|---|---|---|---|---|---|
| 6 × | | | | | | | | | |

② 

| 6 のだん | 5 | 7 | 2 | 9 | 1 | 6 | 3 | 8 | 4 |
|---|---|---|---|---|---|---|---|---|---|
| 6 × | | | | | | | | | |

③ 

| 7 のだん | 1 | 2 | 3 | 4 | 5 | 6 | 7 | 8 | 9 |
|---|---|---|---|---|---|---|---|---|---|
| 7 × | | | | | | | | | |

④ 

| 7 のだん | 9 | 1 | 6 | 3 | 8 | 4 | 5 | 7 | 2 |
|---|---|---|---|---|---|---|---|---|---|
| 7 × | | | | | | | | | |

⑤ 

| 8 のだん | 1 | 2 | 3 | 4 | 5 | 6 | 7 | 8 | 9 |
|---|---|---|---|---|---|---|---|---|---|
| 8 × | | | | | | | | | |

⑥ 

| 8 のだん | 6 | 3 | 8 | 4 | 5 | 7 | 2 | 9 | 1 |
|---|---|---|---|---|---|---|---|---|---|
| 8 × | | | | | | | | | |

## 12 かけ算九九 ㉖    名前

🌸 いろいろな だんの れんしゅうを しましょう。

① 
| 9 のだん | 1 | 2 | 3 | 4 | 5 | 6 | 7 | 8 | 9 |
|---|---|---|---|---|---|---|---|---|---|
| 9 × | | | | | | | | | |

② 
| 9 のだん | 7 | 5 | 1 | 9 | 2 | 6 | 4 | 8 | 3 |
|---|---|---|---|---|---|---|---|---|---|
| 9 × | | | | | | | | | |

③ 
| 6 のだん | 6 | 3 | 8 | 4 | 5 | 7 | 2 | 1 | 9 |
|---|---|---|---|---|---|---|---|---|---|
| 6 × | | | | | | | | | |

④ 
| 7 のだん | 2 | 1 | 6 | 3 | 8 | 4 | 5 | 9 | 7 |
|---|---|---|---|---|---|---|---|---|---|
| 7 × | | | | | | | | | |

⑤ 
| 8 のだん | 8 | 4 | 5 | 7 | 2 | 9 | 1 | 6 | 3 |
|---|---|---|---|---|---|---|---|---|---|
| 8 × | | | | | | | | | |

⑥ 
| 9 のだん | 6 | 3 | 8 | 4 | 5 | 7 | 2 | 9 | 1 |
|---|---|---|---|---|---|---|---|---|---|
| 9 × | | | | | | | | | |

✿ 6から 9のだんの れんしゅうを しましょう。

① 6 × 8 = □    ② 6 × 5 = □

③ 7 × 7 = □    ④ 7 × 8 = □

⑤ 8 × 5 = □    ⑥ 8 × 7 = □

⑦ 9 × 9 = □    ⑧ 9 × 5 = □

⑨ 6 × 6 = □    ⑩ 6 × 9 = □

⑪ 7 × 4 = □    ⑫ 7 × 6 = □

⑬ 8 × 4 = □    ⑭ 8 × 8 = □

⑮ 7 × 3 = □    ⑯ 6 × 4 = □

⑰ 9 × 8 = □    ⑱ 9 × 6 = □

⑲ 7 × 2 = □    ⑳ 7 × 9 = □

㉑ 8 × 9 = □    ㉒ 8 × 6 = □

㉓ 7 × 5 = □    ㉔ 7 × 1 = □

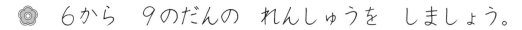

## 12 かけ算九九 ㉘　名前

❀ 6から 9のだんの れんしゅうを しましょう。

① 8 × 3 = ☐　　② 8 × 6 = ☐

③ 7 × 5 = ☐　　④ 7 × 6 = ☐

⑤ 8 × 7 = ☐　　⑥ 8 × 5 = ☐

⑦ 9 × 9 = ☐　　⑧ 9 × 4 = ☐

⑨ 8 × 2 = ☐　　⑩ 8 × 9 = ☐

⑪ 7 × 4 = ☐　　⑫ 7 × 8 = ☐

⑬ 9 × 6 = ☐　　⑭ 6 × 7 = ☐

⑮ 9 × 8 = ☐　　⑯ 9 × 3 = ☐

⑰ 7 × 9 = ☐　　⑱ 7 × 7 = ☐

⑲ 9 × 7 = ☐　　⑳ 9 × 2 = ☐

㉑ 9 × 5 = ☐　　㉒ 6 × 3 = ☐

㉓ 8 × 4 = ☐　　㉔ 8 × 8 = ☐

95

🌸 いろいろな だんの れんしゅうを しましょう。

① 2 × 3 = ☐ ② 3 × 3 = ☐

③ 4 × 5 = ☐ ④ 5 × 5 = ☐

⑤ 5 × 4 = ☐ ⑥ 4 × 4 = ☐

⑦ 3 × 2 = ☐ ⑧ 2 × 2 = ☐

⑨ 3 × 5 = ☐ ⑩ 4 × 7 = ☐

⑪ 5 × 3 = ☐ ⑫ 4 × 6 = ☐

⑬ 4 × 2 = ☐ ⑭ 6 × 2 = ☐

⑮ 2 × 4 = ☐ ⑯ 1 × 4 = ☐

⑰ 5 × 2 = ☐ ⑱ 6 × 3 = ☐

⑲ 4 × 8 = ☐ ⑳ 1 × 7 = ☐

㉑ 3 × 4 = ☐ ㉒ 6 × 6 = ☐

㉓ 2 × 5 = ☐ ㉔ 1 × 5 = ☐

🌸 いろいろな だんの れんしゅうを しましょう。

① $4 \times 9 =$ ☐　　② $8 \times 4 =$ ☐

③ $6 \times 5 =$ ☐　　④ $7 \times 2 =$ ☐

⑤ $8 \times 3 =$ ☐　　⑥ $5 \times 7 =$ ☐

⑦ $7 \times 3 =$ ☐　　⑧ $9 \times 4 =$ ☐

⑨ $9 \times 5 =$ ☐　　⑩ $6 \times 7 =$ ☐

⑪ $5 \times 9 =$ ☐　　⑫ $8 \times 8 =$ ☐

⑬ $8 \times 2 =$ ☐　　⑭ $4 \times 2 =$ ☐

⑮ $7 \times 4 =$ ☐　　⑯ $6 \times 9 =$ ☐

⑰ $5 \times 8 =$ ☐　　⑱ $8 \times 5 =$ ☐

⑲ $9 \times 2 =$ ☐　　⑳ $7 \times 5 =$ ☐

㉑ $6 \times 4 =$ ☐　　㉒ $9 \times 3 =$ ☐

㉓ $7 \times 7 =$ ☐　　㉔ $5 \times 6 =$ ☐

# 13 かけ算のせいしつ ① 名前

1 ⑦の 電車の 長さの 何ばいですか。

⑦

① [ 2 ] ばい

② [ ] ばい

③ [ ] ばい

2 ⑦の テープの 長さの 何ばいですか。

⑦

① [ ] ばい

② [ ] ばい

③ [ ] ばい

3 ① ④の テープは、⑦の テープの 何ばいですか。

⑦

④ [ ] ばい

② ⑦の テープは、2cmです。④の テープは 何cmですか。

しき　　　×　　　＝　　　答え _____

98

1 テープの 長さを くらべましょう。

⑦

⑦

⑦

⑦

① ⑦の 4ばいの 長さの テープは どれですか。

② ⑦の テープは、3cmです。⑦の テープは 何cm
ですか。

しき 　　　　　 × 　　　　 = 　　　 答え ＿＿＿＿＿＿

2 テープの 長さを くらべましょう。

⑦

⑦

⑦

⑦

① ⑦の 4ばいの 長さの テープは どれですか。

② ⑦の 4ばいの 長さの テープは どれですか。

99

# 13 かけ算のせいしつ ③

名前

1 □に あてはまる 数を かきましょう。

| かけられる数＼かける数 | | 1 | 2 | 3 | 4 | 5 | 6 | 7 | 8 | 9 |
|---|---|---|---|---|---|---|---|---|---|---|
| 1のだん | 1 | 1 | 2 | 3 | 4 | 5 | 6 | 7 | 8 | 9 |
| 2のだん | 2 | 2 | 4 |  | 8 | 10 | 12 | 14 | 16 | 18 |
| 3のだん | 3 | 3 |  | 9 | 12 | 15 | 18 | 21 | 24 | 27 |
| 4のだん | 4 | 4 | 8 | 12 | 16 |  | 24 | 28 | 32 | 36 |
| 5のだん | 5 | 5 | 10 | 15 |  | 25 |  |  | 40 | 45 |
| 6のだん | 6 | 6 | 12 | 18 |  |  | 36 |  | 48 | 54 |
| 7のだん | 7 | 7 | 14 | 21 | 28 |  | 42 | 49 |  | 63 |
| 8のだん | 8 | 8 | 16 | 24 | 32 | 40 | 48 |  | 64 |  |
| 9のだん | 9 | 9 | 18 | 27 | 36 | 45 | 54 | 63 |  | 81 |

2 □に あてはまる 数を かきましょう。

① $3 \times 2 = 2 \times \boxed{\phantom{0}}$

② $5 \times 4 = 4 \times \boxed{\phantom{0}}$

③ $8 \times 7 = 7 \times \boxed{\phantom{0}}$

**13 かけ算のせいしつ ④**　名前

**1** □に あてはまる 数を かきましょう。

① 

| | 1 | 2 | 3 | 4 | 5 | 6 | 7 | 8 | 9 |
|---|---|---|---|---|---|---|---|---|---|
| 4のだん 4 | 4 | | 12 | | | 24 | | 32 | |

→ 4ずつふえる

②

㋐ $4 \times 4 = 4 \times \boxed{\phantom{0}} + 4$

㋑ $4 \times 7 = 4 \times \boxed{\phantom{0}} + 4$

㋒ $4 \times 9 = 4 \times \boxed{\phantom{0}} + 4$

**2** □に あてはまる 数を かきましょう。

①

| | 1 | 2 | 3 | 4 | 5 | 6 | 7 | 8 | 9 |
|---|---|---|---|---|---|---|---|---|---|
| 6のだん 6 | 6 | | 18 | | | 36 | | | 54 |

→ 6ずつふえる

②

㋐ $6 \times 4 = 6 \times \boxed{\phantom{0}} + 6$

㋑ $6 \times 7 = 6 \times \boxed{\phantom{0}} + 6$

㋒ $6 \times 9 = 6 \times \boxed{\phantom{0}} + 6$

# 13 かけ算のせいしつ ⑤

名前

**1** □に あてはまる 数を かきましょう。

|    | 1  | 2  | 3  | 4  | 5  | 6  | 7  | 8  | 9  | 10  | 11  |
|----|----|----|----|----|----|----|----|----|----|-----|-----|
| 1  | 1  | 2  | 3  | 4  | 5  | 6  | 7  | 8  | 9  | 10  | 11  |
| 2  | 2  | 4  | 6  | 8  | 10 | 12 | 14 | 16 | 18 | 20  | 22  |
| 3  | 3  | 6  | 9  | 12 | 15 | 18 | 21 | 24 | 27 | 30  | 33  |
| 4  | 4  | 8  | 12 | 16 | 20 | 24 | 28 | 32 | 36 | 40  |     |
| 5  | 5  | 10 | 15 | 20 | 25 | 30 | 35 | 40 | 45 |     |     |
| 6  | 6  | 12 | 18 | 24 | 30 | 36 | 42 | 48 | 54 | 60  | 66  |
| 7  | 7  | 14 | 21 | 28 | 35 | 42 | 49 | 56 | 63 |     |     |
| 8  | 8  | 16 | 24 | 32 | 40 | 48 | 56 | 64 | 72 | 80  | 88  |
| 9  | 9  | 18 | 27 | 36 | 45 | 54 | 63 | 72 | 81 | 90  | 99  |
| 10 | 10 | 20 | 30 | 40 | 50 |    | 70 | 80 | 90 | 100 |     |
| 11 | 11 | 22 | 33 | 44 | 55 |    | 77 | 88 | 99 | 110 | 121 |

**2** □に あてはまる 数を かきましょう。

① $5 \times 10 = 5 \times \boxed{\phantom{0}} + 5$

② $5 \times 11 = 5 \times \boxed{\phantom{0}} + 5$

**1** 答えが つぎの 数の 九九を 見つけましょう。

① 9

|   | × |   |   | × |   |   | × |   |

② 12

|   | × |   |   | × |   |

|   | × |   |   | × |   |

③ 16

|   | × |   |   | × |   |   | × |   |

④ 24

|   | × |   |   | × |   |

|   | × |   |   | × |   |

**2** □に あてはまる 数を かきましょう。

① $5 × \boxed{\phantom{0}} = 20$   ② $6 × \boxed{\phantom{0}} = 36$

③ $6 × \boxed{\phantom{0}} = 18$   ④ $7 × \boxed{\phantom{0}} = 49$

⑤ $7 × \boxed{\phantom{0}} = 14$   ⑥ $8 × \boxed{\phantom{0}} = 40$

⑦ $8 × \boxed{\phantom{0}} = 24$   ⑧ $9 × \boxed{\phantom{0}} = 54$

⑨ $9 × \boxed{\phantom{0}} = 27$   ⑩ $4 × \boxed{\phantom{0}} = 36$

## 1 図の 数を かきましょう。

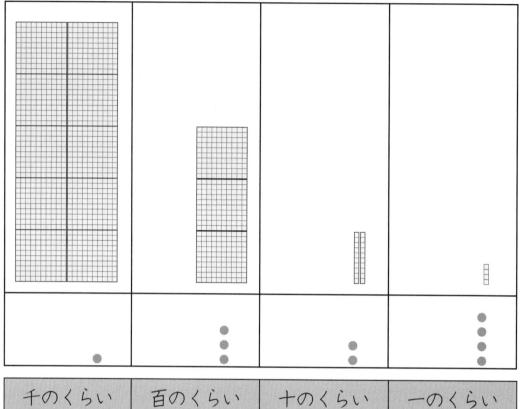

| 千のくらい | 百のくらい | 十のくらい | 一のくらい |
|---|---|---|---|
| | | | |

## 2 図の 数を かきましょう。

| 千のくらい | 百のくらい | 十のくらい | 一のくらい |
|---|---|---|---|
| | | | |

**4けたの数 ②**

❀ 図の 数を かきましょう。

① 

| 千のくらい | 百のくらい | 十のくらい | 一のくらい |
|---|---|---|---|
|  |  |  |  |

② 

| 千のくらい | 百のくらい | 十のくらい | 一のくらい |
|---|---|---|---|
|  |  |  |  |

③ 

| 千のくらい | 百のくらい | 十のくらい | 一のくらい |
|---|---|---|---|
|  |  |  |  |

1 □に 数を かきましょう。

① 1000を5こ、100を5こ、
10を8こ、1を9こ あわせた数。

② 1000を8こ、100を6こ、
10を9こ、1を5こ あわせた数。

③ 1000を7こ、100を7こ、
1を5こ あわせた数。

④ 1000を8こ、10を8こ あわせた数。

2 □に 数を かきましょう。

① 3235は 1000を □ こ、100を □ こ、

10を □ こ、1を □ こ あわせた数です。

② 4034は 1000を □ こ、10を □ こ、

1を □ こ あわせた数です。

③ 8060は 1000を □ こ、10を □ こ

あわせた数です。

106

1 □に 数を かきましょう。

① 千のくらいが　9、百のくらいが　8、
　 十のくらいが　7、一のくらいが　6の数。　☐

② 千のくらいが　8、百のくらいが　6、
　 十のくらいが　4、一のくらいが　2の数。　☐

③ 千のくらいが　9、百のくらいが　8、
　 一のくらいが　7の数。　☐

2 しきに あらわしましょう。

① 4329は、4000と　300と　20と　9を　あわせた数です。

　 4329 = ☐ ＋ ☐ ＋ ☐ ＋ ☐

② 4620は、4000と　600と　20を　あわせた数です。

　 4620 = ☐ ＋ ☐ ＋ ☐

③ 6405は、6000と　400と　5を　あわせた数です。

　 6405 = ☐ ＋ ☐ ＋ ☐

3 大小の 記ごう ＞、＜を かきましょう。

① 1000 ☐ 999　　② 1860 ☐ 1772

③ 5049 ☐ 5064　　④ 3245 ☐ 3247

## 14 4けたの数 ⑤ 名前

① □に 数を かきましょう。

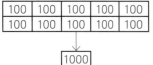
↓
1000

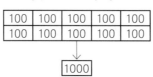
↓
1000

| 100 | 100 | 100 | 100 | 100 | 100 |
|-----|-----|-----|-----|-----|-----|
| 100 | 100 | 100 | 100 | 100 | が10こ |

↓ (下の1000)
1000
↓
1000

① 100を 10こ あつめた 数は　　　　　です。

② 100を 11こ あつめた 数は　　　　　です。

③ 100を 15こ あつめた 数は　　　　　です。

④ 100を 20こ あつめた 数は　　　　　です。

⑤ 100を 26こ あつめた 数は　　　　　です。

② □に 数を かきましょう。

① 3000は 100を　　こ あつめた 数です。

② 1200は 100を　　こ あつめた 数です。

③ 2500は 100を　　こ あつめた 数です。

④ 4000は 100を　　こ あつめた 数です。

⑤ 5200は 100を　　こ あつめた 数です。

1 つぎの 計算を しましょう。

① $800 + 200 =$ 

② $800 + 300 =$ 

③ $900 + 500 =$ 

④ $700 + 600 =$ 

⑤ $900 + 700 =$ 

2 つぎの 計算を しましょう。

① $800 - 200 =$ 

② $800 - 500 =$ 

③ $900 - 500 =$ 

④ $1000 - 100 =$ 

⑤ $1000 - 500 =$ 

⑥ $1000 - 700 =$

1 数の 線を 見て □の 数を かきましょう。

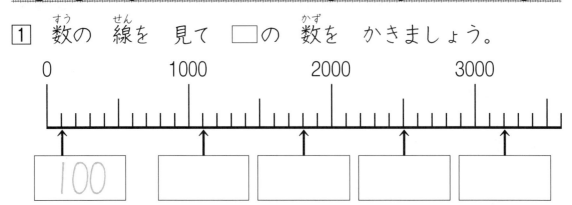

2 数の 線を 見て □の数を かきましょう。

①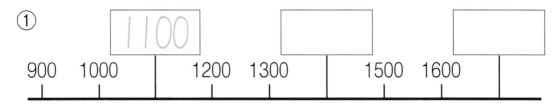

②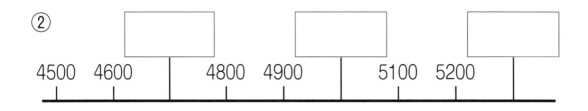

③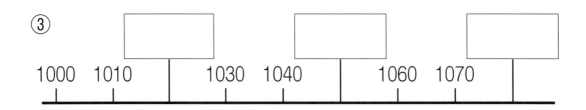

④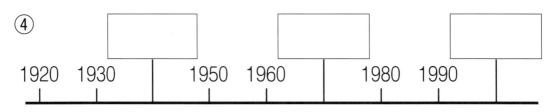

🏵 1000を 10こ あつめた 数を ☐☐☐☐ といい、

☐☐☐☐ と かきます。

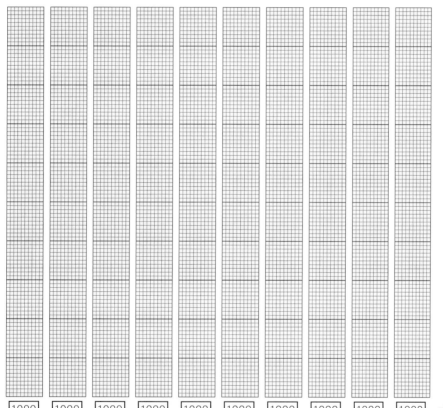

| 1000 | 1000 | 1000 | 1000 | 1000 | 1000 | 1000 | 1000 | 1000 | 1000 | ⇒ | 10000 |
| ① | ② | ③ | ④ | ⑤ | ⑥ | ⑦ | ⑧ | ⑨ | ⑩ | | |

① 9000は あと ☐☐☐☐ で 10000です。

② 10000より 1小さい 数は ☐☐☐☐ で、10小さい

数は ☐☐☐☐ で、100小さい 数は ☐☐☐☐ です。

③ 10000は 100を ☐☐☐☐ こ あつめた 数です。

# 14 4けたの数 ⑨

名前

数(すう)の 線(せん)を 見て □の 数(かず)を かきましょう。

①
5000　5500　□(6000)　6500　7000　□　8000　8500　□

②
6000　6500　□　7500　8000　□　9000　9500　□

③
9200　9300　□　9500　9600　□　9800　□　10000

④
9200　□　9400　□　9600　□　9800　9900　□

⑤
9920　9930　□　9950　9960　□　9980　□　10000

⑥
9920　□　9940　□　9960　9970　□　9990　□

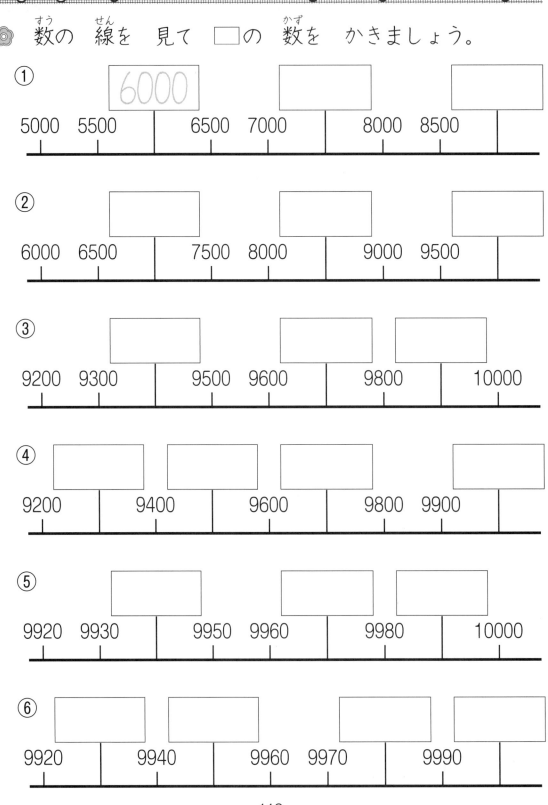

1 数の 線を 見て □の 数を かきましょう。

① 
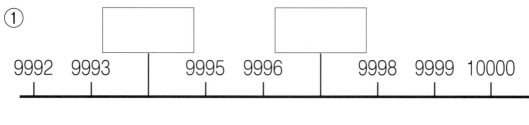

9992 9993 　　 9995 9996 　　 9998 9999 10000

② 
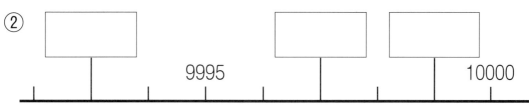

　　　　　 9995 　　　　　　　　　　 10000

2 2800を あらわしましょう。

① 2800を あらわす めもりに、○を かきましょう。

0　　　　 1000　　　　 2000　　　　 3000

② 2800は ［　　　　　］ と 800を あわせた 数です。

③ 2800は 3000より ［　　　　　］ 小さい 数です。

④ 2800は 100を ［　　　　］ こ あつめた 数です。

3 100を 何こ あつめた 数ですか。

① 2000 … ［　　］ こ 　　　 ② 9900 … ［　　］ こ

113

◎ □に あてはまる 数を かきましょう。

① 1m = □ cm

② 5m = □ cm

③ 9m = □ cm

④ 10m = □ cm

⑤ 5m1cm = □ cm

⑥ 6m20cm = □ cm

⑦ 7m50cm = □ cm

⑧ 9m99cm = □ cm

⑨ 10m50cm = □ cm

⑩ 10m1cm = □ cm

## 15 長いものの長さのたんい ②　名前

1　□に　あてはまる　数を　かきましょう。

① 100 cm＝ □ m

② 500 cm＝ □ m

③ 800 cm＝ □ m

④ 1000 cm＝ □ m

⑤ 1500 cm＝ □ m

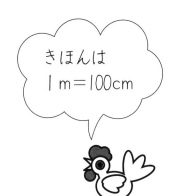

きほんは
1 m＝100cm

2　□に　あてはまる　数を　かきましょう。

① 101 cm＝ □ m □ cm

② 505 cm＝ □ m □ cm

③ 910 cm＝ □ m □ cm

④ 999 cm＝ □ m □ cm

⑤ 1010 cm＝ □ m □ cm

⑥ 1005 cm＝ □ m □ cm

# 15 長いものの長さのたんい ③

## 1 長さの 計算を しましょう。

① 5m ＋ 3m ＝ ☐ m

② 6m ＋ 4m ＝ ☐ m

③ 7m ＋ 20cm ＝ ☐ m 20cm

④ 2m ＋ 4m ＋ 20cm ＝ ☐ m 20cm

⑤ 50cm ＋ 3m ＋ 4m ＝ ☐ m 50cm

## 2 長さの 計算を しましょう。

① 5m － 3m ＝ ☐ m

② 6m － 5m ＝ ☐ m

③ 7m20cm － 4m ＝ ☐ m ☐ cm

④ 9m40cm － 3m ＝ ☐ m ☐ cm

⑤ 9m － 4m － 2m ＝ ☐ m

⑥ 50m － 10m － 20m ＝ ☐ m

15 長いものの長さのたんい ④

名前

1 ☐に あてはまる たんいを かきましょう。

① プールの たての 長さ　25 ☐

② ノートの たての 長さ　26 ☐

③ えんぴつの 長さ　17 ☐

④ 教室の よこの 長さ　7 ☐

⑤ つくえの よこの 長さ　65 ☐

⑥ 自どう車の 長さ　4 ☐

2 ☐に あてはまる たんいを かきましょう。

① はがきの よこの 長さ　10 ☐

② ノートの あつさ　5 ☐

③ カブトムシの 大きさ　7 ☐

④ 5円玉の あなの 大きさ　5 ☐

⑤ わりばしの 長さ　15 ☐

117

1 赤い 色紙と 青い 色紙が ぜんぶで 50まい あり
ます。

赤い 色紙は 20まいです。青い 色紙は 何まいです
か。

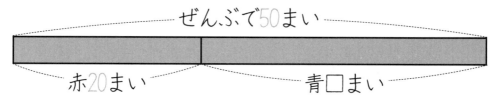

しき

答え _____


2 赤い 色紙と 青い 色紙が ぜんぶで 50まい あり
ます。

青い 色紙は 30まいです。赤い 色紙は 何まいです
か。

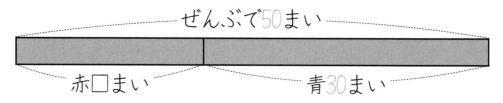

しき

答え _____

**16** たし算とひき算 ②　名前

① 2年1組と　2年2組が　あります。2年生は　55人います。
　2年1組は　28人です。2年2組は　何人ですか。

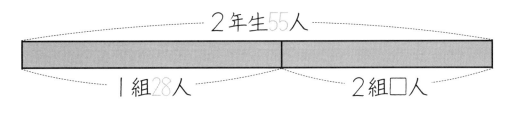

しき

答え _____

② 2年1組と　2年2組が　あります。2年生は　55人います。
　2年2組は　27人です。2年1組は　何人ですか。

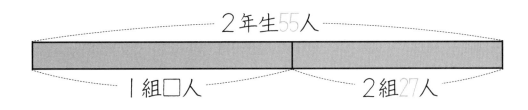

しき

答え _____

① みかんが 20こ あります。何こか 買ってきたので、ぜんぶで 38こに なりました。買ってきた みかんは 何こですか。

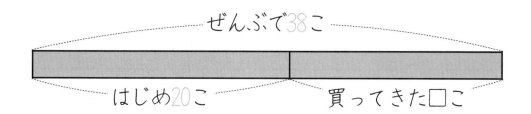

ぜんぶで38こ

はじめ20こ　　　買ってきた□こ

しき

答え＿＿＿＿＿＿＿＿＿＿

② うんどう場で 30人 あそんでいます。何人か きたので、みんなで 62人に なりました。あとからきた 人は 何人ですか。

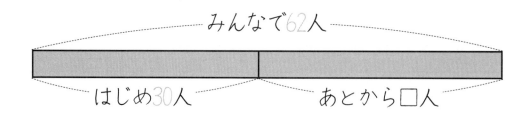

みんなで62人

はじめ30人　　　あとから□人

しき

答え＿＿＿＿＿＿＿＿＿＿

1 テープが 15m あります。何mか つかって、まだ
10m のこっています。つかった テープは 何mですか。

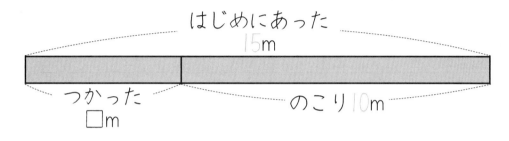

しき

答え _____

2 ロープが 50m あります。何mか つかって、まだ
28m のこっています。つかった ロープは 何mですか。

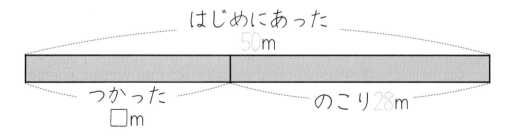

しき

答え _____

# 16 たし算とひき算 ⑤

名前

1  ジュースが 何本か あります。27本 くばったら、のこりが 8本に なりました。はじめに 何本 ありましたか。

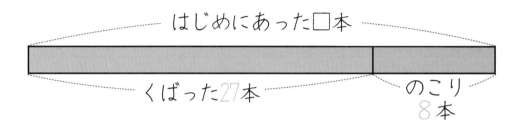

しき

答え _____

2  えんぴつが 何本か あります。75本 くばったら、のこりが 15本に なりました。はじめに 何本 ありましたか。

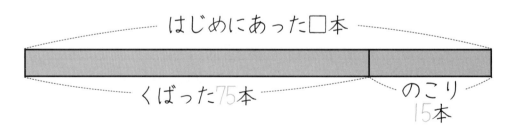

しき

答え _____

1  わたしは、どんぐりを 23こ ひろいました。
   兄は、わたしより 8こ 多く ひろいました。
   兄は、どんぐりを 何こ ひろいましたか。

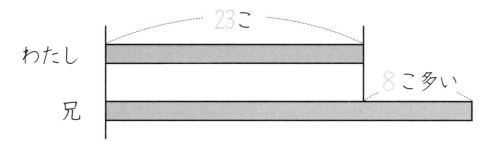

しき



答え _____


2  わたしは、絵カードを 25まい もっています。
   たかしさんは、わたしより 6まい 少ないそうです。
   たかしさんは、絵カードを 何まい もっていますか。

25こ

わたし

6まい

たかし

しき



答え _____

❀ はこの 形の 名前を かきましょう。

① 
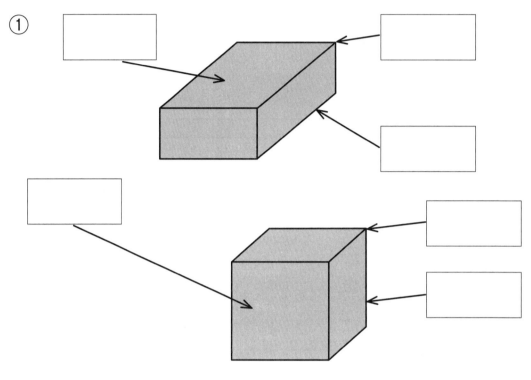

② はこの 形には へんが 何本 ありますか。 □本

③ はこの 形には ちょう点が 何こ ありますか。

□こ

④ 1つの ちょう点に 何本の へんが あつまって いますか。

□本

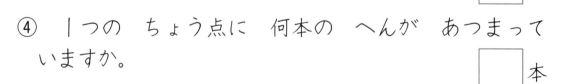

同じ 形の めんが 2つずつ あります

**17** はこの形 ②  名前

🌸 右の はこの めんの 形を
紙に うつしとりました。

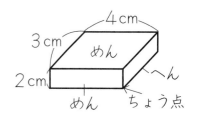

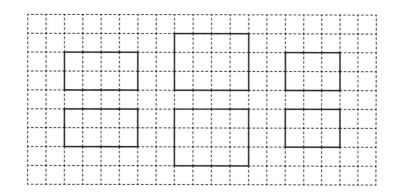

① めんの 形は、何と いう 四角形ですか。

答え _____

② めんの 数は 何こですか。

答え _____

③ 同じ 形の めんは 何こずつ ありますか。

答え _____

125

はこの形 ③

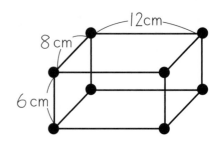

◎ 竹ひごと ねん土玉で
はこのような 形を つくり
ました。

① どんな 長さの 竹ひごを 何本ずつ ようい すれ
ば よいですか。

6cmの 竹ひご □ 本

8cmの 竹ひご □ 本

12cmの 竹ひご □ 本

② ねん土玉は、何こ ようい すれば よいですか。

ねん土玉 □ こ

126

正方形を、同じ 大きさの 2つに
分けます。
　2つに 分けた 1つ分を
2分の1と いい $\dfrac{1}{2}$と かきます。

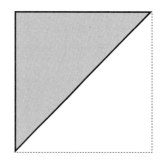

🌸　もとの 大きさの $\dfrac{1}{2}$の ものに、○を つけましょう。

①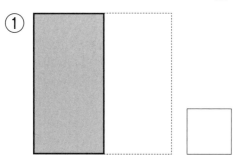

②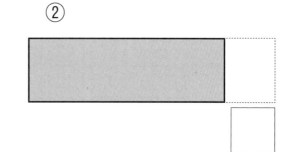

③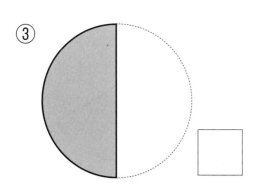

④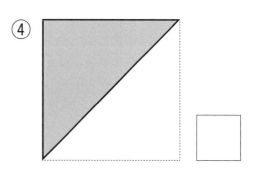

⑤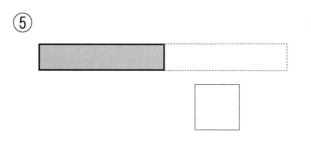

⑥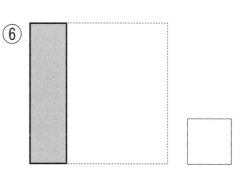

正方形を、同じ 大きさの 3つに
分けます。
　3つに 分けた 1つ分を
3分の1と いい $\frac{1}{3}$と かきます。

✿　もとの 大きさの $\frac{1}{3}$の ものに、○を つけましょう。

①

②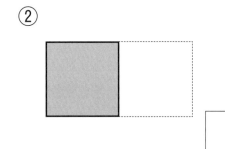

③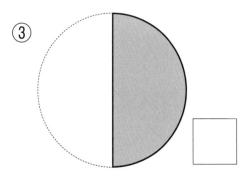

④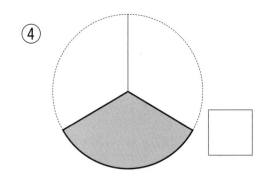

⑤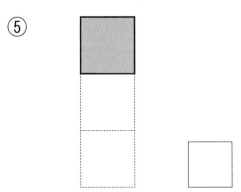

⑥

# 小学2年生　答え

## 〔p. 4〕 **1** ひょうとグラフ ①

① 　7人　　② 　おかしや

③

| しごと | スポーツせん手 | おかしや | いしゃ | ユーチューバー | ほいくし |
|---|---|---|---|---|---|
| 人数 | 7 | 4 | 3 | 2 | 3 |

## 〔p. 5〕 **1** ひょうとグラフ ②

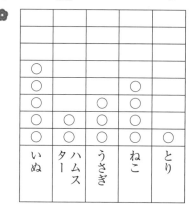

## 〔p. 6〕 **1** ひょうとグラフ ③

①

| ペット | いぬ | ねこ | ハムスター | うさぎ | とり |
|---|---|---|---|---|---|
| 人数 | 5 | 4 | 2 | 3 | 1 |

② 　いぬ, 5人

③ 　15人

## 〔p. 7〕 **1** ひょうとグラフ ④

① 　うさぎ

② 　にわとり

③ 　うさぎが3人多い

④ 　20人

## 〔p. 8〕 **2** たし算のひっ算 ①

1 　くらい, 一のくらい

$5 + 3 = 8$

$2 + 1 = 3$

2
①
$$\begin{array}{r} 53 \\ + 16 \\ \hline 69 \end{array}$$
②
$$\begin{array}{r} 30 \\ + 23 \\ \hline 53 \end{array}$$
③
$$\begin{array}{r} 50 \\ + 40 \\ \hline 90 \end{array}$$

## 〔p. 9〕 **2** たし算のひっ算 ②

①
$$\begin{array}{r} 53 \\ + 16 \\ \hline 69 \end{array}$$
②
$$\begin{array}{r} 36 \\ + 42 \\ \hline 78 \end{array}$$
③
$$\begin{array}{r} 55 \\ + 23 \\ \hline 78 \end{array}$$

④
$$\begin{array}{r} 47 \\ + 50 \\ \hline 97 \end{array}$$
⑤
$$\begin{array}{r} 30 \\ + 65 \\ \hline 95 \end{array}$$
⑥
$$\begin{array}{r} 60 \\ + 30 \\ \hline 90 \end{array}$$

⑦
$$\begin{array}{r} 43 \\ + 5 \\ \hline 48 \end{array}$$
⑧
$$\begin{array}{r} 7 \\ + 52 \\ \hline 59 \end{array}$$
⑨
$$\begin{array}{r} 3 \\ + 60 \\ \hline 63 \end{array}$$

## 〔p. 10〕 **2** たし算のひっ算 ③

1 　くらい, 一のくらい

$8 + 6 = 14$

$1 + 3 + 1 = 5 \ (3 + 1 + 1 = 5)$

2
①
$$\begin{array}{r} 38 \\ + 22 \\ \hline 60 \end{array}$$
②
$$\begin{array}{r} 28 \\ + 7 \\ \hline 35 \end{array}$$
③
$$\begin{array}{r} 9 \\ + 43 \\ \hline 52 \end{array}$$

## 〔p. 11〕 **2** たし算のひっ算 ④

①
$$\begin{array}{r} 28 \\ + 63 \\ \hline 91 \end{array}$$
②
$$\begin{array}{r} 36 \\ + 58 \\ \hline 94 \end{array}$$
③
$$\begin{array}{r} 27 \\ + 45 \\ \hline 72 \end{array}$$

④
$$\begin{array}{r} 44 \\ + 26 \\ \hline 70 \end{array}$$
⑤
$$\begin{array}{r} 47 \\ + 23 \\ \hline 70 \end{array}$$
⑥
$$\begin{array}{r} 5 \\ + 65 \\ \hline 70 \end{array}$$

⑦
$$\begin{array}{r} 43 \\ + 9 \\ \hline 52 \end{array}$$
⑧
$$\begin{array}{r} 38 \\ + 52 \\ \hline 90 \end{array}$$
⑨
$$\begin{array}{r} 64 \\ + 28 \\ \hline 92 \end{array}$$

〔p. 12〕 **2** たし算のひっ算 ⑤

①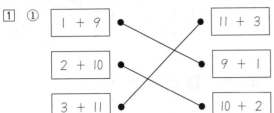

②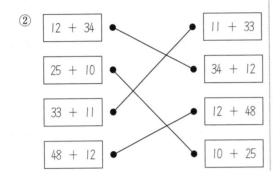

〔p. 13〕 **2** たし算のひっ算 ⑥

1 $28 + 29 = 57$　　57人

2 $56 + 37 = 93$　　93円

3 $18 + 9 = 27$　　27分

〔p. 14〕 **3** ひき算のひっ算 ①

1 くらい，一のくらい

$9 - 5 = 4$

$2 - 1 = 1$

2
① 
| | 5 | 8 |
|---|---|---|
| − | 2 | 6 |
| | 3 | 2 |

② 
| | 4 | 7 |
|---|---|---|
| − | 2 | 0 |
| | 2 | 7 |

③ 
| | 4 | 6 |
|---|---|---|
| − | 2 | 6 |
| | 2 | 0 |

〔p. 15〕 **3** ひき算のひっ算 ②

① 
| | 3 | 6 |
|---|---|---|
| − | 1 | 2 |
| | 2 | 4 |

② 
| | 7 | 5 |
|---|---|---|
| − | 3 | 3 |
| | 4 | 2 |

③ 
| | 7 | 7 |
|---|---|---|
| − | 4 | 5 |
| | 3 | 2 |

④ 
| | 6 | 3 |
|---|---|---|
| − | 4 | 0 |
| | 2 | 3 |

⑤ 
| | 7 | 4 |
|---|---|---|
| − | 3 | 4 |
| | 4 | 0 |

⑥ 
| | 6 | 0 |
|---|---|---|
| − | 2 | 0 |
| | 4 | 0 |

⑦ 
| | 6 | 8 |
|---|---|---|
| − | 6 | 5 |
| | | 3 |

⑧ 
| | 7 | 4 |
|---|---|---|
| − | | 3 |
| | 7 | 1 |

⑨ 
| | 3 | 6 |
|---|---|---|
| − | | 6 |
| | 3 | 0 |

〔p. 16〕 **3** ひき算のひっ算 ③

1 くらい，一のくらい

$15 - 7 = 8$

$2 - 1 = 1$

2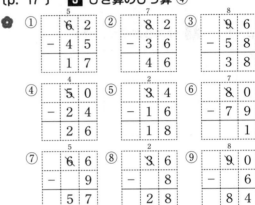

〔p. 17〕 **3** ひき算のひっ算 ④

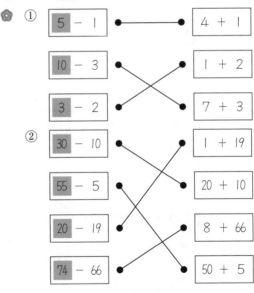

〔p. 18〕 **3** ひき算のひっ算 ⑤

〔p. 19〕 **3** ひき算のひっ算 ⑥

1 $96 - 37 = 59$　　59ページ

2 $92 - 18 = 74$

かえるくんが74こ多く　ひろった

3 $55 - 28 = 27$　　27円

〔p. 20〕　■4 長さのたんい ①
1　4，6
2　4

〔p. 21〕　■4 長さのたんい ②
1　（　　　）　　（ ○ ）　　（　　　）

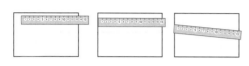

2　3 cm　　2 cm　　1 cm

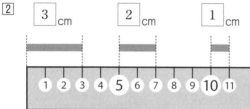

3　（ ○ ）
　　（　　）
　　（　　）

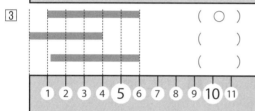

〔p. 22〕　■4 長さのたんい ③
◉　①　3 cm　　②　10cm
　　③　6 cm　　④　9 cm

〔p. 23〕　■4 長さのたんい ④
1　2 mm　　4 cm　6 cm 5 mm　　11cm 9 mm

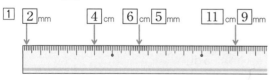

2　①　13cm 2 mm　　②　12cm 6 mm

〔p. 24〕　■4 長さのたんい ⑤
1　①　10mm　　②　100mm
　　③　25mm　　④　89mm
　　⑤　135mm　　⑥　108mm
2　①　5 cm　　②　3 cm 5 mm
　　③　6 cm 4 mm　　④　11cm 7 mm
　　⑤　10cm 3 mm

〔p. 25〕　■4 長さのたんい ⑥
1　しょうりゃく
2　①　68mm　　②　12cm 5 mm

〔p. 26〕　■4 長さのたんい ⑦
◉　①　6 cm　　②　16cm 5 mm
　　③　10cm 8 mm　　④　7 cm 5 mm
　　⑤　3 cm 9 mm　　⑥　1 cm
　　⑦　1 cm 5 mm　　⑧　1 cm 8 mm
　　⑨　6 cm 3 mm　　⑩　8 cm 5 mm

〔p. 27〕　■4 長さのたんい ⑧
1　①　mm　　②　cm
　　③　mm　　④　cm
　　⑤　cm　　⑥　cm
2　①　13cm　　②　1 cm
　　③　5 cm 2 mm　　④　5 cm
3　①　＞　　②　＞　　③　＞

〔p. 28〕　■5 3けたの数 ①
◉　①　133
　　②　463
　　③　203
　　④　335

〔p. 29〕　■5 3けたの数 ②
◉　①

| 百のくらい | 十のくらい | 一のくらい |
|---|---|---|
| 7 | 4 | 6 |

746

　　②

| 百のくらい | 十のくらい | 一のくらい |
|---|---|---|
| 6 | 9 | 5 |

695

　　③

| 百のくらい | 十のくらい | 一のくらい |
|---|---|---|
| 5 | 5 | 8 |

558

〔p. 30〕　■5 3けたの数 ③
1　①　325

②　786

③　540

② ①　6，3，2

②　9，8，7

③　8，2

④　6，9

〔p. 31〕　**5**　3けたの数 ④

① ①　396

②　605

③　480

② ①　1，8，7

②　9，0，6

③　4，6，0

〔p. 32〕　**5**　3けたの数 ⑤

① ①　140

②　450

③　200

④　950

⑤　600

② ①　12

②　30

③　20

④　15

⑤　96

⑥　80

〔p. 33〕　**5**　3けたの数 ⑥

① ①

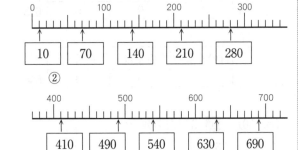

②

② ①

| 880 | | 890 | | 900 | | 910 |

885　891　898　904

②　790　795　800　805　810　815　820　825

③　410　415　420　425　430　435　440　445

〔p. 34〕　**5**　3けたの数 ⑦

① ①　400　②　700

③　800　④　1000

⑤　1000

② ①　200　②　500

③　400　④　900

⑤　500　⑥　400

〔p. 35〕　**5**　3けたの数 ⑧

① ①　>　②　>

③　<　④　>

⑤　<

② ①　>　②　=

③　<　④　<

⑤　=　⑥　<

〔p. 36〕　**6**　水のかさとたんい ①

◎ ①　6 dL　②　8 dL

③　5 dL

〔p. 37〕　**6**　水のかさとたんい ②

① ①　1 L　②　2 L

② ①　2 L　②　4 L

〔p. 38〕　**6**　水のかさとたんい ③

◎ ①　1 L＝10dL　②　2 L＝20dL

③　1 L 4 dL＝14dL　④　3 L 2 dL＝32dL

⑤　2 L 5 dL＝25dL

〔p. 39〕　**6** 水のかさとたんい ④

❀　① 4 mL　② 5 mL

　　③ 20mL


〔p. 40〕　**6** 水のかさとたんい ⑤

1　① 1 L＝1000mL

　　② 2 L＝2000mL

　　③ 5 L＝5000mL

2　① 1 dL＝100mL

　　② 3 dL＝300mL

　　③ 8 dL＝800mL

　　④ 10dL＝1000mL


〔p. 41〕　**6** 水のかさとたんい ⑥

1　① 1 dL＝100mL

　　② 10dL＝ 1 L＝1000mL

2　① 1 L 5 mL＝1005mL

　　② 2 L15mL＝2015mL

　　③ 4 dL10mL＝410mL


〔p. 42〕　**6** 水のかさとたんい ⑦

1　① 6 L 2 dL　② 8 L 3 dL

　　③ 5 L 9 dL　④ 7 dL17mL

　　⑤ 11dL14mL

2　① 4 L 2 dL　② 4 L 3 dL

　　③ 1 L 4 dL　④ 4 L 1 dL

　　⑤ 4 L 2 dL　⑥ 2 L 3 dL


〔p. 43〕　**6** 水のかさとたんい ⑧

1　① mL　② mL

　　③ dL　④ dL

　　⑤ mL　⑥ L

2　① 13dL　　② 1 L

　　③ 5 L 2 dL　④ 4 L 8 dL

3　① ＞　② ＞

　　③ ＞　④ ＝


〔p. 44〕　**7** 時こくと時間 ①

❀　① 15分

　　② 25分

　　③ 45分

　　④ 60分


〔p. 45〕　**7** 時こくと時間 ②

❀　㋐ ① 10時　　② 12時

　　　③ 10時30分　④ 11時20分

　　㋑ ① 8 時15分　② 10時15分

　　　③ 8 時45分　④ 9 時35分

　　㋒ ① 8 時25分　② 10時25分

　　　③ 8 時55分　④ 9 時45分


〔p. 46〕　**7** 時こくと時間 ③

1　① 60分　② 70分

　　③ 90分　④ 150分

　　⑤ 180分

2　① 2 時間　　② 1 時間30分

　　③ 1 時間40分　④ 3 時間

　　⑤ 3 時間20分　⑥ 5 時間


〔p. 47〕　**7** 時こくと時間 ④

1　① 2 時間　② 6 時間

　　③ 24時間

2　① 24時間　② 12時間、12時間


〔p. 48〕　**7** 時こくと時間 ⑤

1　① 15分

　　② 午前 7 時45分

2　① 8 時間

　　② 40分


〔p. 49〕　**7** 時こくと時間 ⑥

1　① 30分

　　② 5 時間

　　③ 6 時間

133

[p. 50]  **8** 計算のくふう①

① $7 + (12 + 8) = 7 + 20 = 27$

② $18 + (20 + 30) = 18 + 50 = 68$

③ $15 + (18 + 2) = 15 + 20 = 35$

④ $19 + (8 + 32) = 19 + 40 = 59$

⑤ $(7 + 13) + 20 = 20 + 20 = 40$

⑥ $(18 + 12) + 50 = 30 + 50 = 80$

⑦ $(14 + 6) + 18 = 20 + 18 = 38$

⑧ $(16 + 14) + 48 = 30 + 48 = 78$

[p. 51]  **8** 計算のくふう②

1 ① $26 + 4 + 2 = 30 + 2 = 32$

② $44 + 6 + 1 = 50 + 1 = 51$

③ $8 + 2 + 20 = 10 + 20 = 30$

④ $6 + 4 + 30 = 10 + 30 = 40$

2 ① $51 - 1 - 3 = 50 - 3 = 47$

② $75 - 5 - 3 = 70 - 3 = 67$

③ $32 - 2 - 3 = 30 - 3 = 27$

④ $42 - 2 - 2 = 40 - 2 = 38$

[p. 52]  **9** たし算のひっ算⑦

①  $93 + 16 = 109$ ②  $36 + 72 = 108$ ③ $54 + 53 = 107$

④  $47 + 70 = 117$ ⑤  $50 + 65 = 115$ ⑥  $60 + 50 = 110$

⑦ $43 + 75 = 118$ ⑧ $97 + 52 = 149$ ⑨ $88 + 60 = 148$

[p. 53]  **9** たし算のひっ算⑧

① 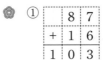 $76 + 54 = 130$ ② $87 + 63 = 150$ ③  $94 + 46 = 140$

④ $47 + 73 = 120$ ⑤ $65 + 65 = 130$ ⑥ $69 + 51 = 120$

⑦ $66 + 75 = 141$ ⑧  $95 + 58 = 153$ ⑨ $88 + 75 = 163$

[p. 54]  **9** たし算のひっ算⑨

①  $87 + 16 = 103$ ② $68 + 35 = 103$ ③ $56 + 46 = 102$

④ $28 + 73 = 101$ ⑤ $36 + 68 = 104$ ⑥ $69 + 36 = 105$

⑦ $49 + 58 = 107$ ⑧ $96 + 4 = 100$ ⑨ $91 + 9 = 100$

[p. 55]  **9** たし算のひっ算⑩

1 ①  $87 + 33 = 120$ ② $59 + 45 = 104$ ③ $6 + 94 = 100$

2 $85 + 46 = 131$ 　131まい

3 $48 + 97 = 145$ 　145こ

4 $38 + 65 = 103$ 　103こ

[p. 56]  **10** ひき算のひっ算⑦

① 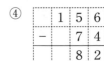 $129 - 53 = 76$ ② $155 - 73 = 82$

③ $129 - 54 = 75$ ④ $156 - 74 = 82$

⑤
```
    1 3 9
−     5 5
      8 4
```
⑥
```
    1 4 8
−     7 5
      7 3
```

[p. 57]　10　ひき算のひっ算 ⑧

①
```
    1 4 6
−     7 8
      6 8
```
②
```
    1 2 5
−     3 9
      8 6
```
③
```
    1 1 3
−     6 8
      4 5
```
④
```
    1 4 2
−     5 7
      8 5
```
⑤
```
    1 7 2
−     9 8
      7 4
```
⑥
```
    1 2 0
−     3 6
      8 4
```

[p. 58]　10　ひき算のひっ算 ⑨

①
```
    1 0 0
−       6
      9 4
```
②
```
    1 0 3
−       9
      9 4
```
③
```
    1 0 5
−       8
      9 7
```
④
```
    1 0 4
−       7
      9 7
```
⑤
```
    1 0 0
−     5 5
      4 5
```
⑥
```
    1 0 2
−     7 5
      2 7
```

[p. 59]　10　ひき算のひっ算 ⑩

1　①
```
    1 5 3
−     6 6
      8 7
```
②
```
    1 3 0
−     3 6
      9 4
```
③
```
    1 0 4
−       9
      9 5
```
④
```
    1 5 8
−     6 9
      8 9
```

2　125−46＝79　　79まい

3　156−97＝59　　59ページ

[p. 60]　11　長方形と正方形 ①

1

| 三角形のなかま | ⑦, ⑦, ⑦, ⑦ |
|---|---|
| 四角形のなかま | ⑦, ⑦, ⑦, ⑦ |

2

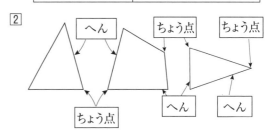

[p. 61]　11　長方形と正方形 ②

1　①　×　　②　×
　　③　○　　④　×

2　①　×　　②　×
　　③　×　　④　○

[p. 62]　11　長方形と正方形 ③

1　(れい)

2　(れい)

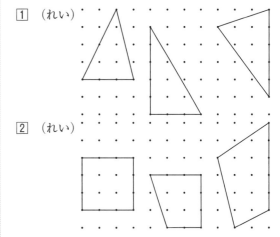

[p. 63]　11　長方形と正方形 ④

1　①　○　　②　×　　③　×

2　①　○　　②　×　　③　×
　　④　○　　⑤　×　　⑥　○

[p. 64]　11　長方形と正方形 ⑤

1　(左から) ○, ×, ×, ○, ×

2　①

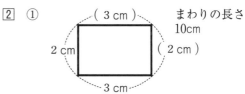

まわりの長さ 10cm

135

②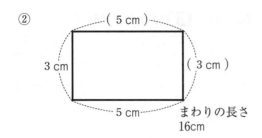

( 5 cm )

3 cm　　　　　　　( 3 cm )

5 cm　まわりの長さ 16cm

〔p. 65〕 **11** 長方形と正方形 ⑥

1 （左から）○, ×, ×, ○

2 ①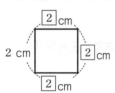

2 cm

2 cm　2 cm

2 cm

②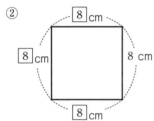

8 cm

8 cm　8 cm

8 cm

③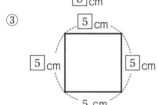

5 cm

5 cm　5 cm

5 cm

〔p. 66〕 **11** 長方形と正方形 ⑦

1 （左から）○, ×, ×, ○, ○

2 （図）

〔p. 67〕 **11** 長方形と正方形 ⑧

🌸 ① （れい）

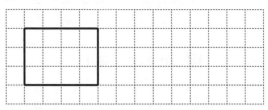

② （れい）

③ （れい）

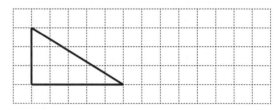

〔p. 68〕 **12** かけ算九九 ①

1 5, 3, 15　　5 × 3 = 15

2 ① 2 × 5 = 10
　② 5 × 4 = 20
　③ 4 × 3 = 12

〔p. 69〕 **12** かけ算九九 ②

🌸 ① 3 × 3 = 9
　② 5 × 4 = 20
　③ 4 × 5 = 20
　④ 2 × 6 = 12

〔p. 70〕 **12** かけ算九九 ③

🌸 ① 5　② 10
　③ 15　④ 20
　⑤ 25　⑥ 30
　⑦ 35　⑧ 40
　⑨ 45

**〔p. 71〕 12 かけ算九九 ④**

1  5，10，15

   20，25，30

   35，40，45

2  ① 5　② 10

   ③ 15　④ 20

   ⑤ 25　⑥ 30

   ⑦ 35　⑧ 40

   ⑨ 45

3  5 × 6 = 30　　30ページ

**〔p. 72〕 12 かけ算九九 ⑤**

◎  ① 2　② 4

   ③ 6　④ 8

   ⑤ 10　⑥ 12

   ⑦ 14　⑧ 16

   ⑨ 18

**〔p. 73〕 12 かけ算九九 ⑥**

1  2，4，6

   8，10，12

   14，16，18

2  ① 2　② 4

   ③ 6　④ 8

   ⑤ 10　⑥ 12

   ⑦ 14　⑧ 16

   ⑨ 18

3  2 × 5 = 10　　10こ

**〔p. 74〕 12 かけ算九九 ⑦**

◎  ① 3　② 6

   ③ 9　④ 12

   ⑤ 15　⑥ 18

   ⑦ 21　⑧ 24

   ⑨ 27

**〔p. 75〕 12 かけ算九九 ⑧**

1  3，6，9

   12，15，18

   21，24，27

2  ① 3　② 6

   ③ 9　④ 12

   ⑤ 15　⑥ 18

   ⑦ 21　⑧ 24

   ⑨ 27

3  3 × 6 = 18　　18こ

**〔p. 76〕 12 かけ算九九 ⑨**

◎  ① 4　② 8

   ③ 12　④ 16

   ⑤ 20　⑥ 24

   ⑦ 28　⑧ 32

   ⑨ 36

**〔p. 77〕 12 かけ算九九 ⑩**

1  4，8，12

   16，20，24

   28，32，36

2  ① 4　② 8

   ③ 12　④ 16

   ⑤ 20　⑥ 24

   ⑦ 28　⑧ 32

   ⑨ 36

3  4 × 5 = 20　　20人

**〔p. 78〕 12 かけ算九九 ⑪**

◎  ①

| 5のだん | 1 | 2 | 3 | 4 | 5 | 6 | 7 | 8 | 9 |
|---|---|---|---|---|---|---|---|---|---|
| 5　× | 5 | 10 | 15 | 20 | 25 | 30 | 35 | 40 | 45 |

   ②

| 5のだん | 5 | 7 | 2 | 9 | 1 | 6 | 3 | 8 | 4 |
|---|---|---|---|---|---|---|---|---|---|
| 5　× | 25 | 35 | 10 | 45 | 5 | 30 | 15 | 40 | 20 |

137

③

| 2のだん | 1 | 2 | 3 | 4 | 5 | 6 | 7 | 8 | 9 |
|---|---|---|---|---|---|---|---|---|---|
| 2 × | 2 | 4 | 6 | 8 | 10 | 12 | 14 | 16 | 18 |

④

| 2のだん | 9 | 1 | 6 | 3 | 8 | 4 | 5 | 7 | 2 |
|---|---|---|---|---|---|---|---|---|---|
| 2 × | 18 | 2 | 12 | 6 | 16 | 8 | 10 | 14 | 4 |

⑤

| 3のだん | 1 | 2 | 3 | 4 | 5 | 6 | 7 | 8 | 9 |
|---|---|---|---|---|---|---|---|---|---|
| 3 × | 3 | 6 | 9 | 12 | 15 | 18 | 21 | 24 | 27 |

⑥

| 3のだん | 6 | 3 | 8 | 4 | 5 | 7 | 2 | 9 | 1 |
|---|---|---|---|---|---|---|---|---|---|
| 3 × | 18 | 9 | 24 | 12 | 15 | 21 | 6 | 27 | 3 |

## 〔p. 79〕 **12** かけ算九九 ⑫

① ❀

| 4のだん | 1 | 2 | 3 | 4 | 5 | 6 | 7 | 8 | 9 |
|---|---|---|---|---|---|---|---|---|---|
| 4 × | 4 | 8 | 12 | 16 | 20 | 24 | 28 | 32 | 36 |

②

| 4のだん | 7 | 5 | 1 | 9 | 2 | 6 | 4 | 8 | 3 |
|---|---|---|---|---|---|---|---|---|---|
| 4 × | 28 | 20 | 4 | 36 | 8 | 24 | 16 | 32 | 12 |

③

| 5のだん | 6 | 3 | 8 | 4 | 5 | 7 | 2 | 1 | 9 |
|---|---|---|---|---|---|---|---|---|---|
| 5 × | 30 | 15 | 40 | 20 | 25 | 35 | 10 | 5 | 45 |

④

| 3のだん | 2 | 1 | 6 | 3 | 8 | 4 | 5 | 9 | 7 |
|---|---|---|---|---|---|---|---|---|---|
| 3 × | 6 | 3 | 18 | 9 | 24 | 12 | 15 | 27 | 21 |

⑤

| 2のだん | 8 | 4 | 5 | 7 | 2 | 9 | 1 | 6 | 3 |
|---|---|---|---|---|---|---|---|---|---|
| 2 × | 16 | 8 | 10 | 14 | 4 | 18 | 2 | 12 | 6 |

⑥

| 4のだん | 6 | 3 | 8 | 4 | 5 | 7 | 2 | 9 | 1 |
|---|---|---|---|---|---|---|---|---|---|
| 4 × | 24 | 12 | 32 | 16 | 20 | 28 | 8 | 36 | 4 |

## 〔p. 80〕 **12** かけ算九九 ⑬

❀
① 10 ② 25
③ 8 ④ 20
⑤ 6 ⑥ 15
⑦ 4 ⑧ 10
⑨ 20 ⑩ 30
⑪ 16 ⑫ 24
⑬ 12 ⑭ 18
⑮ 8 ⑯ 12
⑰ 15 ⑱ 35
⑲ 12 ⑳ 28
㉑ 9 ㉒ 21
㉓ 6 ㉔ 14

## 〔p. 81〕 **12** かけ算九九 ⑭

❀
① 40 ② 25
③ 32 ④ 20
⑤ 24 ⑥ 15
⑦ 16 ⑧ 10
⑨ 45 ⑩ 30
⑪ 36 ⑫ 28
⑬ 27 ⑭ 18
⑮ 18 ⑯ 14
⑰ 5 ⑱ 15
⑲ 4 ⑳ 16
㉑ 3 ㉒ 9
㉓ 2 ㉔ 4

## 〔p. 82〕 **12** かけ算九九 ⑮

❀
① 6 ② 12
③ 18 ④ 24
⑤ 30 ⑥ 36
⑦ 42 ⑧ 48
⑨ 54

## 〔p. 83〕 **12** かけ算九九 ⑯

1 6，12，18

24, 30, 36

42, 48, 54

2 ① 6 ② 12
③ 18 ④ 24
⑤ 30 ⑥ 36
⑦ 42 ⑧ 48
⑨ 54

3 $6 \times 5 = 30$ 　30人

**〔p. 84〕 12 かけ算九九 ⑰**

◎ ① 7 ② 14
③ 21 ④ 28
⑤ 35 ⑥ 42
⑦ 49 ⑧ 56
⑨ 63

**〔p. 85〕 12 かけ算九九 ⑱**

1 7, 14, 21

28, 35, 42

49, 56, 63

2 ① 7 ② 14
③ 21 ④ 28
⑤ 35 ⑥ 42
⑦ 49 ⑧ 56
⑨ 63

3 $7 \times 5 = 35$ 　35まい

**〔p. 86〕 12 かけ算九九 ⑲**

◎ ① 8 ② 16
③ 24 ④ 32
⑤ 40 ⑥ 48
⑦ 56 ⑧ 64
⑨ 72

**〔p. 87〕 12 かけ算九九 ⑳**

1 8, 16, 24

32, 40, 48

56, 64, 72

2 ① 8 ② 16
③ 24 ④ 32
⑤ 40 ⑥ 48
⑦ 56 ⑧ 64
⑨ 72

3 $8 \times 8 = 64$ 　64人

**〔p. 88〕 12 かけ算九九 ㉑**

◎ ① 9 ② 18
③ 27 ④ 36
⑤ 45 ⑥ 54
⑦ 63 ⑧ 72
⑨ 81

**〔p. 89〕 12 かけ算九九 ㉒**

1 9, 18, 27

36, 45, 54

63, 72, 81

2 ① 9 ② 18
③ 27 ④ 36
⑤ 45 ⑥ 54
⑦ 63 ⑧ 72
⑨ 81

3 $9 \times 5 = 45$ 　45m

**〔p. 90〕 12 かけ算九九 ㉓**

◎ ① 1 ② 2
③ 3 ④ 4
⑤ 5 ⑥ 6
⑦ 7 ⑧ 8
⑨ 9

**〔p. 91〕 12 かけ算九九 ㉔**

1 1, 2, 3

4, 5, 6

7, 8, 9

キリトリ

2 ① 1 ② 2
③ 3 ④ 4
⑤ 5 ⑥ 6
⑦ 7 ⑧ 8
⑨ 9

3　1 × 6 = 6　　6まい

〔p. 92〕　12 かけ算九九 ㉕

① 

| 6のだん | 1 | 2 | 3 | 4 | 5 | 6 | 7 | 8 | 9 |
|---|---|---|---|---|---|---|---|---|---|
| 6　× | 6 | 12 | 18 | 24 | 30 | 36 | 42 | 48 | 54 |

② 

| 6のだん | 5 | 7 | 2 | 9 | 1 | 6 | 3 | 8 | 4 |
|---|---|---|---|---|---|---|---|---|---|
| 6　× | 30 | 42 | 12 | 54 | 6 | 36 | 18 | 48 | 24 |

③ 

| 7のだん | 1 | 2 | 3 | 4 | 5 | 6 | 7 | 8 | 9 |
|---|---|---|---|---|---|---|---|---|---|
| 7　× | 7 | 14 | 21 | 28 | 35 | 42 | 49 | 56 | 63 |

④ 

| 7のだん | 9 | 1 | 6 | 3 | 8 | 4 | 5 | 7 | 2 |
|---|---|---|---|---|---|---|---|---|---|
| 7　× | 63 | 7 | 42 | 21 | 56 | 28 | 35 | 49 | 14 |

⑤ 

| 8のだん | 1 | 2 | 3 | 4 | 5 | 6 | 7 | 8 | 9 |
|---|---|---|---|---|---|---|---|---|---|
| 8　× | 8 | 16 | 24 | 32 | 40 | 48 | 56 | 64 | 72 |

⑥ 

| 8のだん | 6 | 3 | 8 | 4 | 5 | 7 | 2 | 9 | 1 |
|---|---|---|---|---|---|---|---|---|---|
| 8　× | 48 | 24 | 64 | 32 | 40 | 56 | 16 | 72 | 8 |

〔p. 93〕　12 かけ算九九 ㉖

① 

| 9のだん | 1 | 2 | 3 | 4 | 5 | 6 | 7 | 8 | 9 |
|---|---|---|---|---|---|---|---|---|---|
| 9　× | 9 | 18 | 27 | 36 | 45 | 54 | 63 | 72 | 81 |

② 

| 9のだん | 7 | 5 | 1 | 9 | 2 | 6 | 4 | 8 | 3 |
|---|---|---|---|---|---|---|---|---|---|
| 9　× | 63 | 45 | 9 | 81 | 18 | 54 | 36 | 72 | 27 |

③ 

| 6のだん | 6 | 3 | 8 | 4 | 5 | 7 | 2 | 1 | 9 |
|---|---|---|---|---|---|---|---|---|---|
| 6　× | 36 | 18 | 48 | 24 | 30 | 42 | 12 | 6 | 54 |

④ 

| 7のだん | 2 | 1 | 6 | 3 | 8 | 4 | 5 | 9 | 7 |
|---|---|---|---|---|---|---|---|---|---|
| 7　× | 14 | 7 | 42 | 21 | 56 | 28 | 35 | 63 | 49 |

⑤ 

| 8のだん | 8 | 4 | 5 | 7 | 2 | 9 | 1 | 6 | 3 |
|---|---|---|---|---|---|---|---|---|---|
| 8　× | 64 | 32 | 40 | 56 | 16 | 72 | 8 | 48 | 24 |

⑥ 

| 9のだん | 6 | 3 | 8 | 4 | 5 | 7 | 2 | 9 | 1 |
|---|---|---|---|---|---|---|---|---|---|
| 9　× | 54 | 27 | 72 | 36 | 45 | 63 | 18 | 81 | 9 |

〔p. 94〕　12 かけ算九九 ㉗

① 48　　② 30
③ 49　　④ 56
⑤ 40　　⑥ 56
⑦ 81　　⑧ 45
⑨ 36　　⑩ 54
⑪ 28　　⑫ 42
⑬ 32　　⑭ 64
⑮ 21　　⑯ 24
⑰ 72　　⑱ 54
⑲ 14　　⑳ 63
㉑ 72　　㉒ 48
㉓ 35　　㉔ 7

〔p. 95〕　12 かけ算九九 ㉘

① 24　　② 48
③ 35　　④ 42
⑤ 56　　⑥ 40
⑦ 81　　⑧ 36
⑨ 16　　⑩ 72
⑪ 28　　⑫ 56
⑬ 54　　⑭ 42
⑮ 72　　⑯ 27
⑰ 63　　⑱ 49
⑲ 63　　⑳ 18
㉑ 45　　㉒ 18
㉓ 32　　㉔ 64

[p. 96] **12** かけ算九九 ㉙

❀ ① 6 ② 9
③ 20 ④ 25
⑤ 20 ⑥ 16
⑦ 6 ⑧ 4
⑨ 15 ⑩ 28
⑪ 15 ⑫ 24
⑬ 8 ⑭ 12
⑮ 8 ⑯ 4
⑰ 10 ⑱ 18
⑲ 32 ⑳ 7
㉑ 12 ㉒ 36
㉓ 10 ㉔ 5

[p. 97] **12** かけ算九九 ㉚

❀ ① 36 ② 32
③ 30 ④ 14
⑤ 24 ⑥ 35
⑦ 21 ⑧ 36
⑨ 45 ⑩ 42
⑪ 45 ⑫ 64
⑬ 16 ⑭ 8
⑮ 28 ⑯ 54
⑰ 40 ⑱ 40
⑲ 18 ⑳ 35
㉑ 24 ㉒ 27
㉓ 49 ㉔ 30

[p. 98] **13** かけ算のせいしつ ①

1 ① 2 ② 3 ③ 5
2 ① 3 ② 4 ③ 5
3 ① 3
② $2 \times 3 = 6$　<u>6 cm</u>

[p. 99] **13** かけ算のせいしつ ②

1 ① ⑰
② $3 \times 4 = 12$　<u>12cm</u>
2 ① ⑰

② エ

[p. 100] **13** かけ算のせいしつ ③

1

| | | かける数 | | | | | | | | |
|---|---|---|---|---|---|---|---|---|---|---|
| | | 1 | 2 | 3 | 4 | 5 | 6 | 7 | 8 | 9 |
| かけられる数 | 1のだん 1 | 1 | 2 | 3 | 4 | 5 | 6 | 7 | 8 | 9 |
| | 2のだん 2 | 2 | 4 | **6** | 8 | 10 | 12 | 14 | 16 | 18 |
| | 3のだん 3 | 3 | **6** | 9 | 12 | 15 | 18 | 21 | 24 | 27 |
| | 4のだん 4 | 4 | 8 | 12 | 16 | **20** | 24 | 28 | 32 | 36 |
| | 5のだん 5 | 5 | 10 | 15 | **20** | 25 | **30** | **35** | 40 | 45 |
| | 6のだん 6 | 6 | 12 | 18 | **24** | **30** | 36 | **42** | 48 | 54 |
| | 7のだん 7 | 7 | 14 | 21 | 28 | **35** | 42 | 49 | **56** | 63 |
| | 8のだん 8 | 8 | 16 | 24 | 32 | 40 | 48 | **56** | 64 | **72** |
| | 9のだん 9 | 9 | 18 | 27 | 36 | 45 | 54 | 63 | **72** | 81 |

2 ① 3 ② 5 ③ 8

[p. 101] **13** かけ算のせいしつ ④

1 ①

| | 1 | 2 | 3 | 4 | 5 | 6 | 7 | 8 | 9 |
|---|---|---|---|---|---|---|---|---|---|
| **4** | 4 | **8** | 12 | **16** | 20 | 24 | **28** | 32 | **36** |

② ⑦ 3 ④ 6 ⑨ 8

2 ①

| | 1 | 2 | 3 | 4 | 5 | 6 | 7 | 8 | 9 |
|---|---|---|---|---|---|---|---|---|---|
| **6** | 6 | **12** | 18 | **24** | **30** | 36 | **42** | **48** | 54 |

② ⑦ 3 ④ 6 ⑨ 8

[p. 102] **13** かけ算のせいしつ ⑤

❀

| | 1 | 2 | 3 | 4 | 5 | 6 | 7 | 8 | 9 | 10 | 11 |
|---|---|---|---|---|---|---|---|---|---|---|---|
| 1 | 1 | 2 | 3 | 4 | 5 | 6 | 7 | 8 | 9 | 10 | 11 |
| 2 | 2 | 4 | 6 | 8 | 10 | 12 | 14 | 16 | 18 | 20 | 22 |
| 3 | 3 | 6 | 9 | 12 | 15 | 36 | 42 | 48 | 54 | 30 | 33 |
| 4 | 12 | 24 | 36 | 48 | 60 | 24 | 28 | 32 | 36 | 40 | **44** |
| 5 | 5 | 10 | 15 | 20 | 25 | 30 | 35 | 40 | 45 | **50** | **55** |
| 6 | 6 | 12 | 18 | 24 | 30 | 36 | 42 | 48 | 54 | 60 | 66 |
| 7 | 7 | 14 | 21 | 28 | 35 | 42 | 49 | 56 | 63 | **70** | **77** |
| 8 | 8 | 16 | 24 | 32 | 40 | 48 | 56 | 64 | 72 | 80 | 88 |
| 9 | 9 | 18 | 27 | 36 | 45 | 54 | 63 | 72 | 81 | 90 | 99 |
| 10 | 10 | 20 | 30 | 40 | 50 | **60** | 70 | 80 | 90 | 100 | **110** |
| 11 | 11 | 22 | 33 | 44 | 55 | **66** | 77 | 88 | 99 | 110 | 121 |

2　① 9　② 10

〔p. 103〕　**13** かけ算のせいしつ ⑥

1　① 1×9、9×1、3×3
　② 2×6、6×2、3×4、4×3
　③ 2×8、8×2、4×4
　④ 3×8、8×3、4×6、6×4
　　（じゅん番 は かんけいありません）

2　① 4　② 6
　③ 3　④ 7
　⑤ 2　⑥ 5
　⑦ 3　⑧ 6
　⑨ 3　⑩ 9

〔p. 104〕　**14** 4けたの数 ①

1

| 千のくらい | 百のくらい | 十のくらい | 一のくらい |
|---|---|---|---|
| 1 | 3 | 2 | 4 |

2

| 千のくらい | 百のくらい | 十のくらい | 一のくらい |
|---|---|---|---|
| 3 | 2 | 3 | 3 |

〔p. 105〕　**14** 4けたの数 ②

❀　①

| 千のくらい | 百のくらい | 十のくらい | 一のくらい |
|---|---|---|---|
| 4 | 2 | 7 | 8 |

4278

②

| 千のくらい | 百のくらい | 十のくらい | 一のくらい |
|---|---|---|---|
| 5 | 0 | 5 | 8 |

5058

③

| 千のくらい | 百のくらい | 十のくらい | 一のくらい |
|---|---|---|---|
| 8 | 3 | 7 | 7 |

8377

〔p. 106〕　**14** 4けたの数 ③

1　① 5589
　② 8695
　③ 7705
　④ 8080

2　① 3，2，3，5
　② 4，3，4
　③ 8，6

〔p. 107〕　**14** 4けたの数 ④

1　① 9876
　② 8642
　③ 9807

2　① 4000，300，20，9
　② 4000，600，20
　③ 6000，400，5

3　① ＞　② ＞
　③ ＜　④ ＜

〔p. 108〕　**14** 4けたの数 ⑤

1　① 1000　② 1100
　③ 1500　④ 2000
　⑤ 2600

2　① 30　② 12
　③ 25　④ 40
　⑤ 52

〔p. 109〕　**14** 4けたの数 ⑥

1　① 1000　② 1100
　③ 1400　④ 1300
　⑤ 1600

2　① 600　② 300
　③ 400　④ 900
　⑤ 500　⑥ 300

〔p. 110〕 **14** 4けたの数 ⑦

1

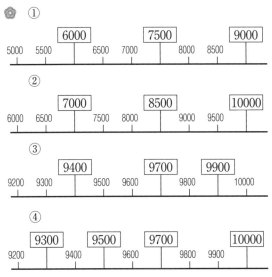

number line: 0 1000 2000 3000

100 1100 1800 2500 3200

2 ①

1100 1400 1700

900 1000 1200 1300 1500 1600

②

4700 5000 5300

4500 4600 4800 4900 5100 5200

③

1020 1050 1080

1000 1010 1030 1040 1060 1070

④

1940 1970 2000

1920 1930 1950 1960 1980 1990

〔p. 111〕 **14** 4けたの数 ⑧

一万、10000

① 1000

② 9999, 9990, 9900

③ 100

〔p. 112〕 **14** 4けたの数 ⑨

①

6000 7500 9000

5000 5500 6500 7000 8000 8500

②

7000 8500 10000

6000 6500 7500 8000 9000 9500

③

9400 9700 9900

9200 9300 9500 9600 9800 10000

④

9300 9500 9700 10000

9200 9400 9600 9800 9900

⑤

9940 9970 9990

9920 9930 9950 9960 9980 10000

⑥

9930 9950 9980 10000

9920 9940 9960 9970 9990

〔p. 113〕 **14** 4けたの数 ⑩

1 ①

9994 9997

9992 9993 9995 9996 9998 9999 10000

②

9993 9997 9999

9995 10000

2 ①

number line: 0 1000 2000 3000

② 2000

③ 200

④ 28

3 ① 20 ② 99

〔p. 114〕 **15** 長いものの長さのたんい ①

① 100cm ② 500cm

③ 900cm ④ 1000cm

⑤ 501cm ⑥ 620cm

⑦ 750cm ⑧ 999cm

⑨ 1050cm ⑩ 1001cm

〔p. 115〕 **15** 長いものの長さのたんい ②

1 ① 1m ② 5m

③ 8m ④ 10m

⑤ 15m

2 ① 1m1cm ② 5m5cm

③ 9m10cm ④ 9m99cm

⑤ 10m10cm ⑥ 10m5cm

〔p. 116〕　**15** 長いものの長さのたんい ③

① ① 8　② 10
　③ 7　④ 6
　⑤ 7
② ① 2　　② 1
　③ 3，20　④ 6，40
　⑤ 3　　⑥ 20

〔p. 117〕　**15** 長いものの長さのたんい ④

① ① m　② cm
　③ cm　④ m
　⑤ cm　⑥ m
② ① cm　② mm
　③ cm　④ mm
　⑤ cm

〔p. 118〕　**16** たし算とひき算 ①

① 50－20＝30　<u>30まい</u>
② 50－30＝20　<u>20まい</u>

〔p. 119〕　**16** たし算とひき算 ②

① 55－28＝27　<u>27人</u>
② 55－27＝28　<u>28人</u>

〔p. 120〕　**16** たし算とひき算 ③

① 38－20＝18　<u>18こ</u>
② 62－30＝32　<u>32人</u>

〔p. 121〕　**16** たし算とひき算 ④

① 15－10＝5　<u>5 m</u>
② 50－28＝22　<u>22m</u>

〔p. 122〕　**16** たし算とひき算 ⑤

① 27＋8＝35　<u>35本</u>
② 75＋15＝90　<u>90本</u>

〔p. 123〕　**16** たし算とひき算 ⑥

① 23＋8＝31　<u>31こ</u>
② 25－6＝19　<u>19まい</u>

〔p. 124〕　**17** はこの形 ①

① ①
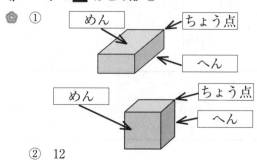
　② 12
　③ 8
　④ 3

〔p. 125〕　**17** はこの形 ②

① ① 長方形
　② 6こ
　③ 2こずつ

〔p. 126〕　**17** はこの形 ③

① ① 4，4，4
　② 8

〔p. 127〕　**18** かんたんな分数 ①

① ① ○　③ ○
　④ ○　⑤ ○

〔p. 128〕　**18** かんたんな分数 ②

① ① ○　④ ○
　⑤ ○